U0303509

"物理学与生活"三部曲

特工物理学

揭秘邦德的装备库

DEATH RAYS, JET PACKS, STUNTS AND SUPERCARS

THE FANTASTIC PHYSICS OF FILM'S MOST CELEBRATED SECRET AGENT

[美]巴里·帕克 著　雍寅 译

Death Rays, Jet Packs, Stunts and Supercars:

The Fantastic Physics of Film's Most Celebrated Secret Agent

By Barry Parker

Published by arrangement with Johns Hopkins University Press,

Baltimore, Maryland through Chinese Connection Agency.

致 谢

感谢特雷弗·利普斯科姆在本书筹备期间提供的建议和帮助。感谢南希·瓦克泰对原稿的精心编辑。感谢约翰·霍普金斯大学出版社的工作人员对本书的大力支持。感谢画家洛丽·比尔为本书绘制精美的插图。

想了解更多关于詹姆斯·邦德的信息和作者的其他著作，欢迎访问 www.BarryParkerbooks.com。

引 言

我观看的第一部詹姆斯·邦德电影是1963年的《007之俄罗斯之恋》。直到现在，它仍是整个系列里我最喜欢的影片之一。我不敢说自己当时就成了邦德迷，毕竟我没有想到这个系列竟然能坚持走到今天。但是在看过《007之金手指》之后，我彻底爱上了邦德电影。在本书的写作过程中，我反复观看了20部邦德电影，并且通读了伊恩·弗莱明（Ian Fleming，他于1953年塑造了邦德这一角色）所有的邦德小说。

我非常喜欢邦德电影中所呈现的各种高科技——说得更准确些，物理学知识——它们无疑为影片锦上添花。这当中有一部分的确符合真正的科学，可还有一部分略微牵强附会。我并不反感这些“伪科学”的内容，因为它们并不影响电影本身的质量。尽管如此，我认为还是有必要向观众指出影片里的常识性错误。同时，我还会介绍一些相关的背景知识。了解事物的运作方式和基本原理一直以来就是很有意思的事。

英国作家伊恩·弗莱明以《西印度群岛鸟类指南》（*Birds of the West Indies*）作者的名字詹姆斯·邦德来命名他故事的主角。后来，弗莱明见到了“真正的”詹姆斯·邦德，他为自己的名字变得如此出名而深感荣幸。

弗莱明擅长创作特工和神探的故事。“二战”时期，他曾率领一支秘密突击队执行多项重要任务。他还是威廉·史蒂文森爵士（Sir William Stevenson）的亲密伙伴，后者是1939年破解德国外交密码的超级网络主管。弗莱明参与过几起涉及该网络的间谍活动。

战后，弗莱明在报纸行业做过几份工作。起初，他是报纸的专栏作家，后来当过旅行作家和新闻经理。1946年，他受聘于新闻大亨凯姆斯利勋爵（Lord Kemsley），管理几家英国报纸的海外新闻栏目。大约在这一时期，他开始在牙买加寻觅度假别墅；20世纪50年代初，他找到了一处自己喜欢的地方。他打算以后每年都在那里过冬，也正是在那个家里，他开始创作詹姆斯·邦德小说。他称呼这片隐居之地为“黄金眼”。

虽然弗莱明没有写小说的经验，但他对自己的写作能力很有信心，而且他还拥有丰富的间谍活动经验。1953年，他买了一台镀金的皇家打字机，开始了他的作家生涯。

虽然早期的作品销量一般，但弗莱明一直坚持创作。约翰·F. 肯尼迪总统有一次向记者表示，《俄罗斯之恋》是他最喜欢的小说之一，从那以后，情况发生了变化。弗莱明的作品销量大增，并且很快收到了电影的邀约。他生前观看了前两部邦德电影。遗憾的是，在《007之金手指》的拍摄期间，他离开了人世，享年56岁。后来，这部作品掀起了邦德电影的热潮。

实际上，弗莱明创作了将近十年的小说，才有机会将邦德的故事搬上银幕。事情还要追溯到20世纪50年代末，制片人艾伯特·布洛柯里（没错，他就是培育西蓝花[①]那个家族的后裔）听说弗莱明的小说后对它非常感兴趣。他想拍一部邦德电影，但是他当时的合伙人欧文·艾伦（Irving Allen）对此兴致不高。他们与伊恩·弗莱明以及其他几个人进行了会面，其中包括经纪人鲍勃·芬恩（Bob Fenn）。会面原本进行得非常顺利。芬恩提出用50000美元买下所有邦德小说的版权，结果艾伦大发雷霆。他认为这个价格太离谱（而且这些小说“不值得被搬上银幕”），于是便愤然离场。布洛柯里感到很沮丧，他试图劝说艾伦，然而无济于事。这件事最终导致他们的合作关系破裂。

---

① 人们普遍认为西蓝花（英文：broccoli）是18世纪由一个名叫“布洛柯里”（Broccoli）的意大利家族培育出来的，而艾伯特·布洛柯里（Albert Broccoli）就是其后裔。——本书脚注如未说明则均为译者注。

布洛柯里在心里一直没能放下这个计划，1961年，机会再次找到了他。另一位制片人哈里·萨尔兹曼（Harry Saltzman）买下了邦德小说的版权，他问布洛柯里是否有兴趣与他合作。布洛柯里二话不说，立刻答应了。

他们的第一部电影《007之诺博士》取得了出乎意料的好成绩。然而和接下来几部电影相比，那根本算不了什么。《007之俄罗斯之恋》更加成功，而之后的《007之金手指》迅速在全世界掀起了邦德热潮。令人惊讶的是，四十多年过去了，詹姆斯·邦德依然和从前一样受欢迎。

形形色色的一流侦探、超级间谍和盖世英雄来了又走，唯有邦德系列经久不衰。当许多角色淡出大众视线、逐渐被人遗忘的时候，为什么邦德还能常驻大银幕？也许你会说，邦德电影里有性感动人的美女、别具特色的风景、威力强大的枪械和小道具，以及神奇炫酷的汽车。可是其他电影里也不乏这些元素。因此，邦德电影肯定自有它的特别之处，其中一个原因可能就是影片所表达的“正义战胜邪恶”的主题。邦德是正义的化身，出面对付邪恶的反派，拯救世界于水火之中。通常人们会受到一些高科技武器的威胁——例如核弹、导弹和致命病毒。反派总是异常强大，拥有一大群听话的手下。邦德天生就是当特工的料。尽管困难重重，他总能取得胜利——他也凭借这一点受到各个年龄层观众的喜爱。然而，他的成功很大程度上也与他的性格有关：坚忍、自信、机灵、足智多谋。他似乎从不惧怕失败，散发出的幽默感也非常感染人。弗莱明的原作里很少出现搞笑的桥段，但是肖恩·康纳利（Sean Connery）却将邦德塑造成一个满口俏皮话的幽默大师。

有一件事我想多说两句。邦德迷应该都知道，邦德在点马提尼酒的时候，总是要求“要摇匀，不要搅拌”。那么，摇匀真的会带来什么变化吗？它能改善口味吗？传统的马提尼酒是用杜松子酒和干味美思调制而成的，但邦德更喜欢用伏特加代替杜松子酒。很多人表示，摇动确实可以改善饮料的味道和口感。因为摇动可以产生小气泡，让饮料变得浑浊，没有搅拌出来的那么滑腻，而且摇动可以增加饮料的抗氧化活性，不过我觉得邦德倒不会在意这些。

那么，本书将有哪些内容等着大家呢？首先，我会简单介绍每一部邦德电影以及其中涉及的物理学知识。在第2章，我们将重点看一看影片中的特技表演。前几部邦德电影很少用到特技，但是从《007之霹雳弹》开始，影片中的惊险画面越来越多。我尤其喜欢《007之霹雳弹》中邦德背着喷气背包的逃脱方式。不过，最令人惊叹的特技还要数《007之海底城》的开场。高空跳伞本来就足够刺激，然而邦德竟然没带降落伞就跳出了飞机（当然，特技演员的外套下面藏有降落伞）。此外，《007之黄金眼》中的蹦极跳也被很多人称为整个系列最壮观的一场特技。无论是否赞同这些看法，你都会从这一章中学到一些关于特技的物理学知识。

第3章我们重点关注的是激光器和全息图。激光算是邦德电影中的“常客”，尤其是《007之金手指》中的激光名场面。当时，大多数人对这一技术还很陌生，因此影片中的激光令人印象非常深刻。另外，在《007之黎明生机》中，邦德用激光器切掉捷克警车底盘的画面同样让人难忘。

除了激光器，邦德电影还经常用到各种奇特的装置，在第4章里我会简单介绍一些。其中有两个尤其特别：《007之雷霆谷》中酷似直升机的“小内莉”和《007之八爪女》中的迷你飞机——或许称它们为“交通工具”更合适。不管怎么说，它们的确令人惊叹。此外，还有能让子弹拐弯的手表和X射线透视眼镜。它们真的有可能存在吗？在邦德电影里没准可以，但是在现实中……嗨，读过之后你就知道了。

邦德的“装备库”总是充满了神奇的工具。我喜欢将其中一部分当成他的后援力量——他的小道具，包括手表、照相机、盖革计数器等各种小玩意儿。在第5章中，我会对它们逐一展开介绍。

在第6章，我们将会走进邦德座驾的世界。最经典的邦德汽车是《007之金手指》中的阿斯顿·马丁DB5。虽然它在很多方面比不上后来的一些汽车，但它的出现令人耳目一新，甚至引起了一时轰动。同样出名的还有路特斯Esprit，它变身为潜艇在水下行驶的那一幕堪称技术奇迹。

既然有了跑车，就少不了追车大战，第7章我们就来看看汽车追逐的问题。我特别喜欢汽车追逐戏，因为它们涉及大量的物理学知识。汽车和驾驶员的受力以及轮胎上的摩擦力都在不断变化。而且在一些汽车追逐戏中，还会出现壮观的特技表演。例如，《007之金枪人》中汽车的360度桶式翻转简直不可思议。

在第8章，我们会围绕电影《007之太空城》来聊一聊太空上的那些事。其他电影中或多或少也有和太空沾边的内容，但都没有《007之太空城》展现得全面和壮观。我非常喜欢这部以太空、空间站和太空船为主题的电影。虽然影片中存在一些不太科学的场景，但值得探讨的东西非常多。

在第一部电影《007之诺博士》中，核物理学发挥了重要作用。诺博士利用核反应堆为他的小岛发电，还给干扰火箭的装置提供动力。以反应堆的规模来看，它的产能很可能远远超出小岛所需的能量。在第9章中，我会谈到诺博士、核能、核反应堆和核弹等内容，这些也是我近几年来经常科普的主题。

我在第10章会谈到两个问题：枪械和船只。虽然二者毫无关联，但它们都是邦德电影中的重要角色。邦德的爱枪是瓦尔特PPK，在大部分影片中他用的都是这把枪。（不过在后期电影中他的枪升级换代了。）当然，PPK不是他唯一的选择，他还用过几把步枪和一些半自动手枪。在这一章里，我会介绍枪械背后的物理学原理和船只的相关知识，毕竟船只追逐也是很多电影中不可或缺的部分。

最后，邦德的铁杆影迷们很可能想就附录的内容和我进行探讨，因为他们对于邦德电影的优劣以及演员和反派人物有着自己的看法。我将在附录中跟大家分享我个人对于邦德电影的喜好。

目 录

第001章　007入门指南

1961年，当艾伯特·布洛柯里和哈里·萨尔兹曼决定将伊恩·弗莱明的小说《诺博士》（*Dr. No*）搬上银幕时，他们并没有想到它会取得如此巨大的成功。不仅弗莱明的大部分小说都被拍成了电影，而且直到现在，詹姆斯·邦德人气依旧。更惊人的是，尽管这些电影大同小异，但大多赢得了不错的票房和口碑。邦德系列属于“公式化”影片：在每部电影中，詹姆斯·邦德都被派去执行任务，历经几次死里逃生的冒险后，最终拯救了世界或者至少一两座城市（表1）。在执行任务期间，他会用到各种高科技的小道具，驾驶他的神奇汽车，到头来还总能抱得美人归。在开始这场奇妙的特工物理学冒险之前，我要先简单概述一下每部电影的情节及其中涉及的物理学知识。

表1　电影名称、上映时间和詹姆斯·邦德的饰演者

电影名称	上映时间	邦德的饰演者
007之诺博士	1962	肖恩·康纳利
007之俄罗斯之恋①	1963	肖恩·康纳利
007之金手指	1964	肖恩·康纳利
007之霹雳弹	1965	肖恩·康纳利
007之雷霆谷	1967	肖恩·康纳利
007之女王密使	1969	乔治·拉扎贝
007之金刚钻	1971	肖恩·康纳利
007之生死关头	1973	罗杰·摩尔
007之金枪人	1974	罗杰·摩尔
007之海底城	1977	罗杰·摩尔
007之太空城	1979	罗杰·摩尔
007之最高机密	1981	罗杰·摩尔
007之八爪女	1983	罗杰·摩尔
007之雷霆杀机	1985	罗杰·摩尔
007之黎明生机	1987	提摩西·道尔顿
007之杀人执照	1989	提摩西·道尔顿
007之黄金眼	1995	皮尔斯·布鲁斯南
007之明日帝国	1997	皮尔斯·布鲁斯南
007之黑日危机	1999	皮尔斯·布鲁斯南
007之择日而亡	2002	皮尔斯·布鲁斯南

① 本片1963年上映时苏联未解体，为了与影片中文名呼应，翻译时该影片的名称在全书统一译为《俄罗斯之恋》。内文其他各处的“苏联”与“俄罗斯”译法均与原文保持呼应。——编者注

冒险启程：《007之诺博士》《007之俄罗斯之恋》和《007之金手指》

在电影《007之诺博士》中，邦德被派往牙买加调查特工约翰·斯特兰韦斯及其秘书的死亡事件。同时，他还要搞清楚几枚火箭的失踪原因。为了实现太空计划，美国将这几枚火箭送往了加勒比海。邦德来到牙买加，从下飞机那一刻起，他的性命就受到了威胁，他发现种种线索都指向一位神秘的诺博士。邦德得知，斯特兰韦斯去过蟹礁后不久就死了。蟹礁是牙买加附近的一座岛屿，归诺博士所有。邦德在检查斯特兰韦斯雇用的船只时，发现岛上的矿石样本存在放射性。

邦德决定前往蟹礁一探究竟。他雇用伪装成渔夫的中情局特工库洛为他带路。为了避免被人发现，他们在深夜时分偷偷潜入那里。第二天一早，他们在海滩上遇见一个收集贝壳的年轻女子霍尼·赖德。她告诉他们，这里有一条喷火的“龙”，会追捕上岛的人，同时还警告他们有危险。一艘炮艇发现他们三人后便展开攻击，所幸他们顺利逃脱。后来那条“龙”出现了，它喷出火焰，杀死了库洛。经过一番激烈抵抗，邦德和霍尼最终还是被俘。他们被带到小岛另一端诺博士的老巢。那里有一座高级的实验室兼控制室，里面有一个核反应堆。

邦德发现，阻挠美国火箭计划的人正是诺博士。邦德被关在一间小牢房里，之后设法从通风口逃离，并潜进了控制室。诺博士和他的手下正忙着拦截另一枚美国火箭。邦德转动仪器上的开关，不断提升辐射水平，实验室里的人纷纷躲避到各处，只有诺博士没有逃。邦德和诺博士在平台上厮打了起来，而这个平台正在慢慢沉入反应堆的沸水中。邦德勉强逃脱，但是诺博士却淹没在冒泡的水中。最后，实验室被炸毁，邦德和霍尼乘坐小船逃走了。

《007之诺博士》开了一个好头，它比布洛柯里和萨尔兹曼预期的更加成功。事实上，它成了1962年的热门电影。于是他们趁热打铁，开始张罗第二部邦德电影。显然，《007之诺博士》的成功很大程度上是因为他们选对了"邦德"——肖恩·康纳利。虽然当时的他默默无闻，但他的确是邦德的理想人选。很快，康纳利就成了大家心目中真正的邦德。

第二部邦德电影是《007之俄罗斯之恋》。有意思的是，《诺博士》并不是弗莱明的第一部邦德小说，而是第六部；《俄罗斯之恋》是第五部。不过这不是问题，因为几个故事之间并没有直接联系。在《007之俄罗斯之恋》中，邦德被诱骗到了土耳其的伊斯坦布尔。伦敦的军情六处得知，在俄罗斯驻伊斯坦布尔的大使馆，有位女子在一份文件中看到了邦德的照片，便声称自己爱上了他。她决心叛变，并且提出如果邦德能来伊斯坦布尔协助她逃往伦敦，她就会交出俄罗斯的列克托译码机。邦德的上司M给他打电话，交给他这项任务。

邦德明知这是陷阱，可当他看到那名女子的照片时，便决定接受任务。

这的确是个圈套，然而奇怪的是，想置邦德于死地的并不是俄罗斯，而是一个由俄罗斯黑帮和犯罪分子结成的组织——幽灵党。他们说服迷人的大使馆工作人员塔季扬娜·罗曼诺娃加入他们的计划。事实上，她并不知道他们和幽灵党有关。

邦德在伊斯坦布尔见到了土耳其特工克里姆·贝，他们制订了获取列克托译码机的计划。计划实施顺利。邦德和塔季扬娜乘坐东方快车逃离土耳其，但是车上还有俄罗斯和幽灵党的特工，所以一场大战在所难免。邦德在火车上遇到幽灵党特工雷德·格兰特，他们二人奉献了整部影片中最精彩的打斗场面。邦德成功干掉对手，但他的麻烦还没有结束。他和塔季扬娜先是受到直升机的袭击，接着又被反派的船队追捕。他们好不容易抵达伦敦，又遭到另一名幽灵党特工罗莎·克列伯的攻击——她在鞋里藏了一个有毒的刀片。

虽然《007之俄罗斯之恋》是一部很棒的邦德电影，但它涉及的物理学知识并不多。军情六处的军需官布思罗伊德少校——也就是大家所熟悉的Q——给了邦德一个公文包，里面倒是装了几件有趣的小道具。此外，列克托译码机也涉及一些物理学知识，不过仅此而已。

前两部邦德电影成绩傲人，于是制片方投入大量资金筹备第三部电影。这部以片中反派名字命名的《007之金手指》仍然是公认的最佳邦德电影之一。故事一开始，英国银行的官员发现有人在大量囤积黄金，他们怀疑是奥里克·金手指。而且，他们认为他正在向国外走私黄金，但是不清楚他的走私途径。邦德被派去调查此事。（其实，邦德与金手指在迈阿密曾经有过一次交锋，他阻止了金手指玩纸牌时的作弊行为。）他在一个乡村俱乐部见到了金手指，还和他一起打高尔夫球，金手指试图再次作弊，但邦德骗过他，赢得了胜利。金手指相当恼火。高尔夫比赛结束后，邦德在金手指的车上偷偷装了一个追踪装置，一路跟踪他来到瑞士的工厂。

发现自己被人跟踪后，金手指派人追捕邦德。但是，Q给了邦德一辆阿斯顿·马丁DB5，它拥有各种惊人装备，包括机枪、弹射座椅、轮胎切割器和防弹玻璃，邦德也做到了物尽其用。即便如此，他还是被抓住了。不过，这样一来我们才有机会看到整个系列中最精彩的“科学场面”。金手指打算用激光干掉邦德。在那个年代，激光是新鲜事物，金手指使用的激光器似乎威力很强。但是邦德急中生智，逃过了一劫。当金手指从他身边经过时，邦德提到了“大满贯行动”——金手指策划已久的秘密行动。听到这句话，金手指非常吃惊，他以为邦德知道了行动计划（其实，邦德只是无意中听过这个名字而已）。

大满贯行动是针对美国诺克斯堡的一次突袭。金手指打算在诺克斯堡引爆一枚原子弹，目的是提升他的黄金价值。协助他展开行动的是一位美丽的女子，普西·葛罗尔，她是飞行马戏团的领队。到时候，普西和她的团员们将会飞到诺克斯堡上空，释放神经毒气。

起初，突袭看似一切顺利。警卫们好像全都不省人事。金手指利用激光器打开了金库的大门。但是，和邦德在干草堆里“扭打”过之后，普西决定叛变。当金手指及其手下正在设置原子弹的时候，美国士兵们（他们一直在假装昏迷）突然出来反击。当然，邦德也加入了战斗。在其中一场关键对决中，他与金手指的可怕助手“怪侠”交手。虽然邦德打不过他，但是成功用电击倒了他。金手指逃走了。在影片接近尾声时，邦德再次与他相遇。邦德前往华盛顿，结果惊讶地发现金手指也在飞机上。经过短暂搏斗，金手指得到了他应有的下场：他被打出了机舱，而且没有背降落伞。

物理学在影片中发挥了重要作用。当年，金手指用来对付邦德的激光器刚刚问世不久，就得到了人们极大的关注。金手指还利用激光器闯进了诺克斯堡。

一举成名：《007之霹雳弹》《007之雷霆谷》和《007之女王密使》

邦德电影立刻掀起了热潮。《007之金手指》轰动一时，邦德迷迫不及待地盼着新作上映。果然不负众望，它很快就出现在了观众面前。这部电影的拍摄更加精细，制作成本也更高，不过前几部作品获得了可观的收益，因此资金方面的问题不大。

整个系列的下一部电影就是《007之霹雳弹》。影片开场就上演了一幕扣人心弦的特技。在打斗中，邦德干掉了一个人，结果被逼得走投无路。这时，他背上了“喷气背包”，直接飞过栅栏，飞到了自己的汽车旁——别开生面的开场。

在《007之霹雳弹》中，幽灵党特工劫持了一架载有两枚核弹的英国“火神”轰炸机。他们派人调换了飞行员，这个人干掉了机上其他成员，然后驾驶飞机前往巴哈马，并在一处浅水区迫降。反派头目拉尔戈正在“迪斯科·沃兰特号”游艇上等着他。拉尔戈计划以核弹为筹码要挟迈阿密。邦德被派去调查情况，他对拉尔戈产生了怀疑。拉尔戈的女友多米诺在潜水时被珊瑚卡住了脚，邦德出手相助并借此机会认识了她。当天晚上，他在当地一家夜总会再次遇见她和拉尔戈。第二天，他前往拉尔戈位于巴尔米拉的别墅拜访他。夜里，他穿上潜水装备检查了“迪斯科·沃兰特”号。他发现，拉尔戈及其手下的蛙人很快就要离开，去执行一项神秘任务。

邦德将拉尔戈的行动告知他中情局的朋友费利克斯·莱特。他们坐直升机找到被藏在水下的轰炸机，机身上还盖着伪装网。于是，他们得知了拉尔戈的去向。随后，莱特组织了一队蛙人。影片中最精彩的场面就是莱特战队与拉尔戈手下的交战。邦德干掉拉尔戈的几个蛙人，拉开了这场水下战斗的序幕。拉尔戈见势不妙，于是丢弃了“迪斯科 · 沃兰特”号的尾部（它的头部是一个高速水翼艇）。然而，邦德牢牢抓住逃跑船只的水翼（想起这一幕就觉得他真的很英勇），成功爬上了船。他与拉尔戈扭打起来，但是拉尔戈占得先机，他拿起枪对准邦德。就在这时，多米诺突然出现，她用鱼枪射杀了拉尔戈。此时，水翼艇正朝着礁石全速前进，他们除了弃船别无他法。邦德和多米诺立即跳船脱身——真是千钧一发。

这部电影包含很多有趣的物理学知识，头一个就是喷气背包。此外，拉尔戈的水翼艇以及各种水下装备也同样涉及几个重要的物理学原理。

邦德的下一个故事《007 之雷霆谷》发生在日本。影片开始，美国的载人火箭被一艘神秘飞船“吞噬”了。随后，这艘飞船返回了地球。美国怀疑幕后主使是俄罗斯。后来，俄罗斯的太空船也以同样的方式消失了，他们便将矛头指向美国。眼看第三次世界大战一触即发。然而，英国发觉整件事十分可疑。一位观察员表示，他看到其中一枚火箭消失在日本海。

于是，邦德被派往香港进行调查。他与日本特工老虎田中合作。最终的线索指向日本沿海的一座岛屿。邦德开着一架酷似微型直升机的“小内莉”对小岛进行了侦察，结果却遭到四架直升机的袭击。和他的汽车一样，“小内莉”内也配备了各种精良的武器（机枪、热追踪导弹和火焰喷射器），他成功击落了全部直升机。

袭击事件加深了邦德对这座岛的怀疑。为了能近距离调查它而不引人怀疑，他伪装成日本渔民，住进附近的一个村庄，并与当地的女孩铃木薇琪结婚。邦德与薇琪一起登上小岛，爬上了靠近岛中心的火山。火山口处似乎有一个湖，然而他们后来发现，那其实是一个蓝色的滑动平台。他们亲眼看见一架直升机消失在那里。邦德吩咐薇琪去找老虎和他的忍者手下，而他准备独闯火山。原来，火山内部是一个大型控制室，里面还有火箭发射平台。邦德打昏一名工作人员，抢走了他的制服。但是，控制台前的布洛菲尔德很快就注意到邦德，并叫他过来。

布洛菲尔德准备发射火箭去捕获另一艘太空船，他还邀请邦德一同观看。看起来布洛菲尔德知道邦德是谁，而且在迎接邦德的时候，他还说了一句：“我们终于见面了。”[①]明明在前几部电影里，邦德把布洛菲尔德的手下整得够呛，这

① 影片中的原话是：“詹姆斯·邦德，容我自我介绍一下。我是恩斯特·斯塔夫罗·布洛菲尔德。”

样的寒暄未免太温和了吧。邦德在旁边一直观察，突然他冲向前去拉动控制杆，打开了火山口。这一举动令布洛菲尔德猝不及防，但他很快反应过来，关上了火山口。老虎的几名忍者趁机溜了进来，但是马上就被布洛菲尔德的手下制服了。其中一名忍者在火山口设置了炸药，炸开一个洞。突然，几十根绳索从天而降，忍者们纷纷顺绳而下。这是整个影片中震撼人心的大场面。一番战斗之后，布洛菲尔德的手下被打败了。

然而，布洛菲尔德为自己留了后路。他命令手下关上控制室周围的钢制百叶窗，自己偷偷逃走了。邦德设法找到一个秘密入口，溜进了控制室。在仅剩的几秒钟里，他成功阻止幽灵党的飞船捕获美国太空舱。影片的最后，火山被彻底炸毁，邦德、薇琪、老虎和忍者们得以逃脱。

这部电影主要涉及一些太空和火箭的物理学知识。当然，飞机“小内莉”同样看点十足，我们稍后会详细介绍它的相关原理。

邦德系列的下一部电影出现了新的转折。肖恩·康纳利一直对外宣称打算辞演邦德，显然这一次他是认真的。于是，导演开始寻觅新的“邦德”。最终，布洛柯里和萨尔兹曼决定让澳大利亚人乔治·拉扎贝（George Lazenby）接任邦德。从某些方面来说，他的确是邦德的理想人选：身材高大、皮肤黝黑、英俊健壮，但是缺乏表演经验。而且，他的澳大利亚口音也是个问题。尽管如此，布洛柯里和萨尔兹曼还是决定选用拉扎贝。他主演的是《007之女王密使》。这部电影改编自弗莱明最好的一部小说。由于原作写得太好，因此制片方没有像之前那样改动小说的内容。

有了情节精彩的剧本，拍摄过程也一切顺利，按理说电影应该取得巨大的成功。但是，肖恩·康纳利的意外辞演再加上拉扎贝拙劣的演技，让这部电影没能如愿以偿。影片本身并不糟糕，只是不如前几部电影那样受欢迎。随着时间的推移，人们对它的评价也有所改观，现在它也成了众多邦德迷心目中最喜爱的电影。

影片一开始，邦德救起一个想要投海自尽的女孩。没过多久，他们就遭到暴徒的袭击。邦德将他们纷纷击退。正当他奋力搏斗时，女孩却开着他的车走了。原来，这个女孩名叫特蕾西·迪·文森佐，是犯罪集团首脑马克·安格·德拉科的女儿。后来，邦德在葡萄牙的一家赌场中再次与特蕾西相遇，还见到了她的父亲。德拉科对邦德很满意，提出给他一百万英镑，要他娶特蕾西为妻。邦德拒绝了，但他发现德拉科很可能知道布洛菲尔德的下落，事实证明的确如此。邦德得知，布洛菲尔德此刻正在瑞士的一处度假胜地（图1），他声称自己是一个为人正派的伯爵，伦敦的纹章院正在对他的说法进行调查。邦德决定冒充调查员希拉里·布雷爵士前往那里。

图 1　皮兹葛里亚旋转餐厅，《007 之女王密使》中恩斯特·斯塔夫罗·布洛菲尔德在瑞士阿尔卑斯山的藏身地

到了瑞士，邦德见到了布洛菲尔德的助手伊尔玛·邦特，她用直升机带他前往布洛菲尔德的新总部——皮兹葛里亚旋转餐厅。皮兹葛里亚位于阿尔卑斯山一座白雪覆盖的山峰上，那里风景壮丽。邦德见到了布洛菲尔德。可奇怪的是，他们明明在上一部电影中才见过面，这会儿看起来却像两个陌生人。邦德惊讶地发现这里有很多漂亮女孩。他了解到，原来这是一家治疗过敏症的诊所，这些女孩都是病人。很快，邦德就跟其中一个女孩混熟了，而且还在她的房间里被逮了个正着。布洛菲尔德识破了邦德的身份，把他关了起来，不过邦德一如既往地顺利逃脱，紧接着便是一连串精彩的动作场

面。邦德踩着偷来的滑雪板向山下逃去，布洛菲尔德及其手下在后面紧追不舍。这一段滑雪戏非同寻常，有几幕堪称整个系列的最佳场面。邦德勉强摆脱追兵，来到了山下的村庄。

于是，追逐大战转移到了村庄里。邦德在滑冰场上碰见了特蕾西（太巧了吧！）。布洛菲尔德和他的手下包围了他们，还好特蕾西有辆车，于是他们赶紧开车逃跑。随之而来的便是一场扣人心弦的汽车追逐战，可他们最后还是撞了车。接着，特蕾西和邦德滑雪逃命，布洛菲尔德试图引发雪崩来阻止他们。特蕾西被抓，但是邦德逃脱了。随后，邦德找到特蕾西的父亲，后者安排了几架直升机攻打皮兹葛里亚。经过激烈的战斗，布洛菲尔德——偏偏又是他——坐着雪橇逃走了。

影片中的一些特技表演（尤其是滑雪的戏份）涉及运动方面的物理学知识。此外，除了邦德开保险箱时用到的一台设备，整部电影几乎没有出现高科技工具。

新的邦德：《007之金刚钻》《007之生死关头》和《007之金枪人》

《007之女王密使》的票房不太理想，而问题似乎全出在拉扎贝身上。拉扎贝本人宣布，这将是他参演的唯一一部邦德电影。于是，导演再次寻觅新的邦德。然而没过多久，布洛柯里和萨尔兹曼就决定重新请回康纳利。他们向康纳利开出了他无法拒绝的条件，他同意回来拍摄最后一部电影。《007之金刚钻》虽然不如他以往的作品，但这并不重要，所有人都为他的回归而感到高兴。

影片一开始，英国政府发现大批钻石货物下落不明。他们认为肯定有走私团伙在实施犯罪，于是派邦德前去调查。结果证明，事情远没有走私那么简单。邦德一路追查，来到了拉斯维加斯。影片的大部分场景都发生在这座灯火通明的不夜城。调查线索指向了威勒·怀特，他是一个隐居在拉斯维加斯某大厦顶层的亿万富翁。邦德顺着大楼外墙闯进怀特的公寓。令他震惊的是，他见到的并不是怀特，而是布洛菲尔德。布洛菲尔德将怀特囚禁在沙漠里，然后取代了他的位置。

邦德了解到，他们将钻石装进了卫星激光器。这种激光器威力强大，可以击落导弹和飞机。布洛菲尔德后来还自豪地向邦德展示它。邦德得知布洛菲尔德计划用激光器摧毁华盛顿特区，并以此为要挟向政府索要赎金，便立刻采取行动。他朝布洛菲尔德的脑袋开了一枪，可惜死掉的是他的替身。真正的布洛菲尔德将邦德逼进电梯，向他释放毒气。然后，他们将他丢到沙漠里活埋。邦德再次逃脱。此时，布洛菲尔德已不见了踪影。邦德发现威勒·怀特被囚禁在沙漠的避暑别墅里。他拜访了怀特，得知布洛菲尔德有可能在加利福尼亚海岸的一个石油钻井平台上。邦德驾驶直升机前往那里。在影片快结束时，邦德和反派们在钻井平台上展开战斗，最终平台被摧毁，但是老谋深算的布洛菲尔德再次逃脱。电影中涉及的物理学知识主要是卫星激光器，当然也包括一些其他有趣的装置。

完成这部作品后，康纳利彻底辞演邦德，于是制片方开始寻找新的邦德人选。最终，布洛柯里和萨尔兹曼看中了罗杰·摩尔（Roger Moore）。与拉扎贝不同，摩尔有着相当丰富的表演经验，而且也算小有名气。不过，他与康纳利是截然不同的两种风格。他擅长演绎轻松喜剧，即使他表现出强硬坚忍的一面，也很难让人信以为真。他缺乏康纳利那种“硬汉形象”。因此，接下来的几部邦德电影在风格上发生了很大转化。

康纳利的幽默感主要体现在一些俏皮话上，但是到了摩尔这里，搞笑就成了邦德电影的招牌，因此人们很难严肃对待他的电影。我知道……对于邦德电影，我们本来就没必要太当真，可即便如此，过多的幽默和喜感还是会让影片的紧张和悬疑大打折扣。在摩尔参演的邦德电影中，有几部口碑极佳，但也有几部评价较差。他出演的首部电影《007之生死关头》是公认的成功作品。在影片中，调查美国毒品走私活动的英国特工被人杀害，而幕后主使似乎是一个被称作老大（也叫坎南迦博士）的哈勒姆区老板。邦德被派去调查情况。

在哈勒姆区经历几番冒险后，邦德被抓，并被带往坎南迦的小岛——圣莫尼克岛。那里有一场很精彩的戏：邦德被困在湖心岛上，周围全是鳄鱼，最后他踩着鳄鱼背跳上了岸，成功逃脱。

珍·西摩尔（Jane Seymour）在影片中饰演坎南迦的算命师沙丽塔。坎南迦一直在向美国走私海洛因，并借助沙丽塔的预言来逃脱法律的制裁。坎南迦的藏身地很有意思，那是一个巨大的山洞，入口处有一片墓地，邦德还在那里和坎南迦展开了生死搏斗。

《007之生死关头》收获了相当不错的票房和口碑。它涵盖的物理学知识并不多，不过片中紧张刺激的船只追逐涉及一些物理学原理。

摩尔的第二部邦德电影是《007之金枪人》。伦敦军情六处的办公室收到一颗刻着“007”的黄金子弹。英国认为，子弹上的信息表示杀手斯卡拉孟加的下一个目标就是邦德，但是没人知道斯卡拉孟加的长相和所在地。不过，邦德自信能找到他。他根据黄金子弹的线索找到了斯卡拉孟加的女友安德烈娅，并通过她最终锁定了斯卡拉孟加。他与斯卡拉孟加的第一次见面是在香港的一所功夫学校。之后，邦德不断遭到袭击，甚至还卷入一场紧张刺激的船只追逐大战。最后，斯卡拉孟加抓走了女特工玛丽·古德奈特，并开着他的“汽车飞机”逃跑了。邦德一路追踪，来到泰国普吉岛附近的一个小岛。

在这个岛上，斯卡拉孟加有一座精心设计的太阳能发电站和一门“太阳能大炮”。据说他找到了将太阳能转换为电能的方法，而且效率近乎100%。可奇怪的是，斯卡拉孟加竟然用低温罐来储存能量。邦德上岛后不久，斯卡拉孟加就用太阳能大炮摧毁了他的水上飞机，让他失去了逃跑工具。

在影片接近尾声时，斯卡拉孟加向邦德发起攻势：他使用金枪，邦德使用瓦尔特手枪。决斗在斯卡拉孟加的房间里展开，邦德伪装成蜡像（斯卡拉孟加的房间里本来就有一个邦德蜡像），战胜了斯卡拉孟加。古德奈特在打斗时将一名技术员丢进了低温大桶，导致反应失控，引发了爆炸，小岛因此毁于一旦。所幸邦德和古德奈特坐着斯卡拉孟加的帆船逃走了。

这部影片涉及一些有趣的物理学知识。首先，斯卡拉孟加的苏里斯转化器十分有趣，它能将太阳能高效地转化为电能；其次，它储存能量的方式也很独特；值得一提的还有汽车飞身过桥时所做的360度桶式翻转，这一幕不仅精彩，也包含一些有意思的物理学原理。

科幻场景：《007之海底城》和《007之太空城》

前期的邦德电影大获成功，因此制片方有能力投入更多资金，制作更加精致逼真的场景。于是就有了接下来的两部电影。首先是《007之海底城》，摩尔在当中的表现相当出色。事实上，他的很多粉丝认为这是最佳的邦德电影。有意思的是，影片虽然沿用了弗莱明小说的名字，但和原作的内容大相径庭。

在影片中，一艘潜水艇消失了。英国担心有人完善了水下潜艇的追踪技术，捕获了潜艇。反派卡尔·斯特龙伯格有一座海上实验室名叫“亚特兰蒂斯”，从外形上看，它活像一只巨大的黑蜘蛛（图2）。他还拥有一艘超级巨型油轮，用来存放捕获来的潜艇。

图2　《007之海底城》中卡尔·斯特龙伯格的藏身处——亚特兰蒂斯

英国和俄罗斯舰队的潜艇接连失踪。俄方派阿尼娅·阿玛索瓦前去调查，英方派出的是邦德。于是，他和阿玛索瓦联手行动，一起前往斯特龙伯格位于撒丁岛沿岸的实验室。邦德假扮海洋生物学家，但很快就被斯特龙伯格识破了。就在邦德和阿玛索瓦准备离开时，斯特龙伯格命令手下干掉他们。

接下来，邦德和阿玛索瓦一路翻山越岭，先后遭到摩托车、汽车和直升机的追击。他们驾驶的路特斯 Esprit 可以变身为潜水艇，于是他们驶入海中，成功逃脱。和大多数邦德汽车一样，它配备有火箭弹。邦德发射了一枚火箭弹将直升机击落。他们返回亚特兰蒂斯，结果却遭到穿着水下机动设备的蛙人攻击。不过，路特斯上也配有精良的武器，他们借此顺利逃脱。

随后，邦德和阿玛索瓦乘坐美国海军“韦恩”号，寻找斯特龙伯格的超级油轮“里帕鲁斯”号。但是，超级油轮率先发现他们并将其“吞入腹中”。很快，邦德便被抓获，还被迫观看了斯特龙伯格启动第三次世界大战的计划：他打算让油轮内部的两艘潜艇前往指定位置，分别向美国和苏联发射核导弹。

斯特龙伯格将阿玛索瓦作为人质带往亚特兰蒂斯。不过邦德逃走了，他和潜艇上的船员们合力对付斯特龙伯格的手下。紧接着便是一场惊心动魄的大战。邦德想去控制室阻止导弹发射。然而控制室戒备森严，他只好利用其中一枚核弹的雷管将它炸开。之后邦德冲进控制室，及时修改了导弹的目标，让它们相互击中对方的潜艇。他骑着水上摩托车，前往亚特兰蒂斯去营救阿玛索瓦。最终，邦德干掉了斯特龙伯格，并且战胜了他的心腹——身高两米多的大钢牙。邦德和阿玛索瓦在亚特兰蒂斯被鱼雷炸毁前及时逃脱。

这部影片涵盖的科学知识很多。最有趣的要数邦德的汽车潜水艇“水内莉”了。当然，潜水艇上的核弹也涉及一些物理学原理。

差不多在同一时期，出现了一部极其卖座的电影——《星球大战》(*Star Wars*)。于是，布洛柯里决定趁势推出一部太空题材的邦德电影。弗莱明有一部小说叫作《太空城》(*Moonraker*)。虽然它的故事十分精彩，但和《星球大战》相比略显过时，必须重新改编。最终，影片的情节还可以，但是却毁在了夸张的喜剧效果上面。片中的场景做得十分壮观，空间站和飞船都经过精心的设计，为电影效果锦上添花。

故事一开始，一架运送航天飞机的波音 747 坠入大西洋。英国潜水员检查残骸后惊讶地发现，航天飞机竟然不见踪影。邦德被派去进行调查。很快，他将怀疑的对象锁定在航天飞机的制造商雨果·德拉克斯身上。邦德决定和霍利·古海德博士联手行动，后者是美国国家航空航天局（NASA）借调给德拉克斯的助手，但她实际上是中情局的特工。邦德拜访了德拉克斯，并偷偷打开了他的保险箱。依据保险箱中的线索，他找到威尼斯的一家玻璃厂。紧接着上演了一段略显浮夸却又笑点密集的快艇追逐战。随后邦德前往里约，古海德在那里被抓。接着，又是一场快艇追逐战，邦德及时掏出悬挂式滑翔机（这玩意儿从何而来是个谜）飞过瀑布，成功逃脱。

然后，邦德和古海德偷偷混进一架航天飞机，一路前往空间站。空间站看起来雄伟壮观，但是部分场景不符合科学，稍后我会逐一解释。邦德和古海德伪装成宇航员，他们发现德拉克斯正计划用一种特殊的神经毒气杀光地球上所有人。然后，他会带着繁育好的“完美人种”重新占领地球。

NASA的航天飞机带着宇航员大军前来支援，他们与德拉克斯的手下展开战斗。最后，邦德利用航天飞机上的激光器成功阻止装有毒气的球体进入地球。

尽管影片存在不少争议和缺陷，但它的确涵盖了丰富的科学知识，比如空间站、火箭、航天飞机和激光等。邦德还用了好几个有趣的小道具，影片开场还出现了整个系列里最令人惊叹的特技表演——高空跳伞。

返璞归真：《007之最高机密》《007之八爪女》和《007之雷霆杀机》

继《007之太空城》之后，导演们决定让邦德电影回归最初的风格，于是便有了《007之最高机密》。尽管影片中出现的小道具不多，但它是我最喜欢的摩尔出演的邦德电影。电影一开始，英国的间谍拖网渔船“圣乔治”号在华约组织的成员国附近被击沉。船上有一种技术加密装置ATAC（自动瞄准攻击通信器），用来发射北极星导弹。英国担心它一旦落入坏人手中，很可能会被用来攻击友好国家。苏联特工对这个装置很感兴趣，航运巨头阿里斯·凯斯达图就在寻找它，并打算将它倒卖给俄国人。邦德的任务就是在他之前找到它。

这部电影中有非常精彩的滑雪戏（不过比不上《007之女王密使》）和许多有趣的水下场景。女主角梅丽娜·哈夫洛克身肩复仇使命，和许多邦女郎不同，她非常靠得住。影片高潮发生在位于希腊峭壁上的一座修道院里（图3）。邦德必须顺着悬崖爬上去才能干掉反派。他攀爬峭壁的过程也是影片的一大亮点。中途有几次他差点掉下去（摩尔有严重的恐高症，非常不喜欢拍这种戏）。最终，他战胜了凯斯达图，成功夺回ATAC。在影片快结束时，克格勃的果戈理将军乘坐直升机准备取走ATAC，但是邦德将它扔下了悬崖。影片中涉及的物理学知识有滑雪特技、水下场景、黄色潜水艇和ATAC。

这部作品扭转了之前的口碑，人们开始对下一部邦德电影抱有更高的期待。然而事与愿违，它确实增加了不少动作戏，但是缺乏像《007之最高机密》那样的悬疑感。电影《007之八爪女》是以片中女主角的名字命名的，故事大都发

图3 《007之最高机密》中位于希腊山顶上的修道院

生在印度。电影一开始，009号特工被人杀害，他死亡时手里抓着一枚法贝热金蛋[①]。英国派邦德前去调查，很快他就发

① 享有盛誉的俄罗斯珠宝艺术品。

现这枚无价之宝与一场精心策划的走私活动有关。其实，影片的情节有点夸张，因为在走私行动被揭露的同时，还有一个叛变的将军试图迫使美军离开欧洲，以便让俄罗斯攻打那里。

邦德与八爪女达成合作，后者拥有一个马戏团。在影片的后半部分，他们来到了德国。俄罗斯将军在八爪女的火车上安置了一枚核弹，并设定让它在美军基地爆炸。整个影片中最扣人心弦的两段动作戏就是铁轨上的汽车追逐战和火车车厢顶部的打斗。最终，邦德及时拆除了炸弹。

影片开场，邦德乘坐迷你飞机逃跑的过程涉及一些有趣的物理学知识；结束时出现的那枚必须被拆除的原子弹也很重要。此外，我还会提到几个常见的小道具。

接下来的这部电影让邦德系列陷入了低谷，它也是摩尔的最后一部作品。大多数邦德迷认为它是整个系列中最糟糕的一部电影，但它其实涵盖了很多有趣的科学知识。这部电影就是《007之雷霆杀机》。

在影片中，英国从苏联手中缴获了一块硅芯片，他们发现它和英国的一块芯片一模一样，能够承受核弹爆炸产生的强烈电磁波。事情牵涉到佐林实业的马克斯·佐林，邦德被派去调查情况。邦德发现，佐林在囤积硅芯片的同时，还在硅谷的圣安地列斯断层附近进行钻探。事实上，佐林准备在加州引发有史以来最大的地震，并借此机会占领世界硅芯片市场。尽管影片存在漏洞，但其中也有几处精彩场面，比如在金门大桥顶上的打斗就相当壮观。

这部电影涉及很多有趣的科学知识。比如，原子弹爆炸和辐射脉冲会对电子设备造成严重破坏。此外，邦德还用了几个有趣的道具。当然，圣安地列斯断层和地震也很重要。

正经的邦德：《007之黎明生机》和《007之杀人执照》

罗杰·摩尔退出之后，制片方又开始寻找新的邦德人选。他们最终敲定了莎士比亚戏剧演员提摩西·道尔顿（Timothy Dalton）。他高大、黝黑、英俊、健壮，而且和拉扎贝不同，他是一位出色的演员。道尔顿希望自己饰演的邦德更接近弗莱明在小说中塑造的形象，其中一部分原因在于他只出演过严肃电影，不太会驾驭喜剧。然而在很多邦德迷看来，这种风格的转变太过突然。接下来两部电影的喜剧元素很少，这与摩尔塑造的邦德形象有很大的不同。

道尔顿出演的第一部电影是《007之黎明生机》。影片中，邦德负责保护叛逃的苏联高级将领科斯柯夫将军。科斯柯夫告诉他，另一位将军（列昂尼德·普希金）计划要刺杀英国特工。于是，邦德被派去干掉普希金，但是他对科斯柯夫产生了怀疑，事实证明他的疑心没有错。科斯柯夫失踪了，据说他被俄罗斯人带走了。但是，他的叛逃和被抓其实都是在演戏。事实上，他与美国军火商布拉德·惠特克相互勾结，策划了一起走私活动：先在阿富汗收购海洛因，再将它倒卖到国外，从中获取巨额利润。邦德发现了这件事，他和女主角卡拉·米洛维以及当地一位首领一起讨伐科斯柯夫及其同伙，并阻止了他们的计划。

邦德和科斯柯夫的助手尼科洛斯那场挂在飞机后部网兜上的打斗戏十分精彩。影片中的邦德汽车也相当了不起。此外他还用到了几个有趣的小道具（钥匙圈寻找器、狙击步枪）。

不少人认为，道尔顿出演的第二部电影《007之杀人执照》“更加黑暗”。影片中的动作戏很多，而且比早期的邦德电影更暴力。这也是一部严肃电影。影片是以邦德朋友莱特的婚礼为开场的。大约在同一时期，南美大毒枭桑切斯被俘，但是他逃脱了，并对莱特展开报复。他杀死了莱特的新娘，还让鲨鱼吃掉了莱特的一部分身体（他的腿）。邦德非常愤怒，准备外出复仇。M试图阻止他，但是邦德向军情六处请辞，打算独自行动。他得到中情局特工帕姆·布维尔的帮忙，她也是一位优秀的“邦女郎”。有趣的是，Q在这部影片中的出场次数远远胜过之前的大多数电影。他为邦德提供了几个有用的小道具。

邦德假装对桑切斯的行动很感兴趣，进而顺利加入其中。他发现了桑切斯走私海洛因的途径（将海洛因溶解在汽油里，用大型油罐车运输，到达目的地后，再将它沉淀出来），于是准备出手阻止。

在影片的后半部分，桑切斯的油罐车队从他的藏身处一路飞奔下山的场面可谓相当刺激。这一部分涉及几个惊险的特技表演。此外，邦德在飞机后座的战斗同样非常精彩。

更多动作戏：《007之黄金眼》《007之明日帝国》《007之黑日危机》和《007之择日而亡》

道尔顿只出演了两部邦德电影就退出了，取而代之的是皮尔斯·布鲁斯南（Pierce Brosnan）。他身上集合了早期邦德的诸多优点，外表英俊健壮，为影片重新注入了一些喜感。但是，接下来的几部电影增加了大量的动作戏，有时甚至不惜以牺牲情节和人物形象为代价。影片中的动作戏如此之多，一场接着一场，让人连喘息的机会都没有。在一定程度上，这也反映了当时电影的发展趋势。

布鲁斯南出演的第一部电影是《007之黄金眼》。“黄金眼”是弗莱明在牙买加一处隐居地的名字，早期的邦德小说大都是在那里完成的。影片开场就是一幕惊险的特技表演——邦德从西伯利亚的高坝上蹦极——这可以说是电影里最棒的一场特技。故事围绕两颗俄罗斯军用卫星展开，它们能发出强烈的电磁脉冲，大规模干扰地球的通信设备、计算机和其他电子装置。

控制卫星“黄金眼”的圆盘被自称“雅努斯”的俄罗斯黑帮组织偷走了。邦德被派去取回它，并查明雅努斯的目的。他惊讶地发现，雅努斯的头目居然是代号同为00系的特工，他原本九年前就在西伯利亚被人杀害了（也就是邦德蹦极那年）。

邦德前往位于古巴的雅努斯总部，得知雅努斯向英国索要赎金，否则就要摧毁全伦敦的电子设备。影片中有很多动作场面，其中就包括邦德和克塞尼娅·奥纳托的山路汽车追逐战。最后，邦德与雅努斯的组织成员展开战斗，并将其一举摧毁。

影片涵盖了许多有趣的科学知识。首先是黄金眼，它能在几秒钟内彻底摧毁俄罗斯（北地）的一个前哨。邦德还用到一些神奇的小道具（激光表、炸弹笔），当然还有开场精彩的蹦极。

布鲁斯南出演的第二部邦德电影是《007之明日帝国》。这又是一部动作戏十足的影片，而且它的布景非常精致。影片中，媒体大亨埃利奥特·卡佛试图挑起中英两国的战争，邦德被派去阻止这个阴谋。卡佛开发了一套全球卫星新闻系统，他想借此控制全世界的新闻。

影片一开始，卡佛利用他的隐形船（图4）——一艘携带大量武器而且不会被雷达探测到的船——在英国“德文郡”号

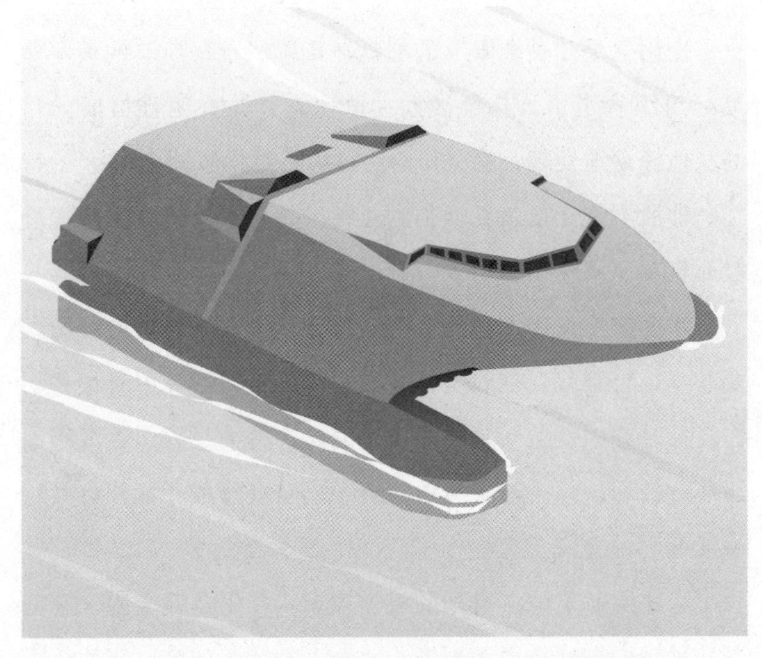

图4 《007之明日帝国》中埃利奥特·卡佛的隐形船

军舰的侧面钻开一个洞，导致它沉没。

影片中最壮观的特技表演要数HALO跳伞（高空投下低空开伞）了——邦德从超过6000米的高空跳入海中，然后对“德文郡”号进行检查。中国特工林慧也在调查此事，邦德后来与她联手行动。他们追击卡佛到越南，最终推翻了他的帝国。

这部电影涉及大量的物理学知识。首先就是HALO跳伞，此外还有能规避雷达探测的隐形船。邦德的宝马汽车也是整个系列中最好的座驾之一。影片中还出现了很多有趣的小道具（带撬锁系统的手机、GPS编码器以及隐形船上的3D成像设备）。当然，还有一场精彩的汽车追逐战。

布鲁斯南出演的第三部电影是《007之黑日危机》。与前几部作品一样，它也包含大量的动作戏，同时还涉及丰富的物理学知识。这是我最喜欢的一部布鲁斯南的电影。影片一开始，金工业的罗伯特·金爵士遭人杀害，邦德被指派前去找出凶手。金一直在修建横跨西伯利亚的巨型石油管道，现在这项任务由他的女儿艾丽卡接管。M和邦德认为她的处境十分危险，而邦德的一部分职责就是保护她。

邦德与艾丽卡见面后不久，她就带着他一起滑着雪板去检查管道，就在这时，他们遭到伞鹰（一种带降落伞的雪地摩托）的袭击。这一部分全是动作戏，邦德和艾丽卡勉强摆脱了追击者。邦德一度滑下悬崖，落在其中一名袭击者的降落伞上（图5）。

邦德查到的线索指向了哈萨克斯坦一处抽油设施。他假扮科学家，结识了物理学家兼核武器专家克丽丝马斯·琼斯博士。邦德发现他的老对手——前克格勃杀手——雷纳德也在那里。事实证明，雷纳德非常了解邦德，并且想除掉他。他引发了地下核爆炸，以为这样就能干掉邦德和琼斯。但是他们顺利逃脱。最终，邦德得知艾丽卡与雷纳德实际上是一伙的，而且是她杀死了自己的父亲，后来还抓住了邦德的上司M。

图5 《007之黑日危机》中邦德（布鲁斯南饰）跳下悬崖，
落在一架伞鹰的降落伞上

在影片的后半部分，场景转移到了艾丽卡的藏身之处。那里有一艘潜水艇，她计划用这艘潜艇来炸毁伊斯坦布尔，借此破坏竞争对手的石油管道。还有一把刑椅，她曾用来折磨邦德。

伞鹰的滑雪场面特别精彩，其中也涉及了很多物理学知识。此外，还有原子弹和邦德的X射线眼镜。沃姆弗拉什博士用全息图向邦德展示了卡在雷纳德大脑中的一颗子弹。邦德驾驶的那艘造型优美、速度超快的Q船也很独特。他的宝马Z8具有远程控制功能，是整个系列中最好的座驾之一。

布鲁斯南出演的最后一部邦德电影《007之择日而亡》同样充满了动作戏。事实上，这部影片中的动作场面和暴力镜头相当多，而且很大程度上借鉴了早期的邦德电影。

我们对邦德电影的回顾就到这里。我希望这样可以帮助你回想起当中精彩的剧情和紧张刺激的场面。接下来，就让我们一起去看看影片中的特技表演。

第002章　精彩的特技表演

邦德电影里精彩的特技场面堪称一绝，这些特技确实令人叹为观止。它们会让观众满心期待前来观影，又能让他们在观影之后回味无穷。几乎每部邦德电影里都有非常震撼的特技镜头，而且往往就出现在影片开场。你是不是一下子就想到了《007之海底城》开头那一幕惊心动魄的滑雪跳跃？邦德是如何脱身的呢？我们明知道他一定能脱离险境，却总是为他捏一把汗。最后一刻，邦德打开了降落伞，令人忍俊不禁的是，伞面上竟然印着英国国旗的图案。

在影片中，邦德遭到手持机枪的俄罗斯人的追赶。故事原本设定发生在西伯利亚，但实际上这一幕是在加拿大北部拍摄的。据说滑雪跳跃这类特技并不好拍。由于画面光线必须恰到好处，因此只能选在清晨（这个时间段不会产生影子）拍摄，此外风力也必须足够小才行。影片中的特技镜头是由滑雪专家里克·西尔维斯特（Rick Sylvester）完成的。

《007之黑日危机》中同样上演了一幕壮观的滑雪跳跃。在影片中，邦德从悬崖上跳下，落在追击者的降落伞上。这一场戏虽然不及西尔维斯特那一跳惊心动魄，但它显然对时机的要求更高。邦德借助降落伞为着陆做缓冲的同时，顺便干掉了这个追击者。

好几部邦德电影中都出现过滑雪戏，不过我最喜欢的还是《007之女王密使》中的那一场。邦德踩着滑雪板逃出了瑞士皮兹葛里亚的小木屋，接下来的场面可谓十分惊险。他滑雪的姿势优美自如。中途他弄丢了一块滑雪板，只好踩着仅剩的一块板子逃命。虽然没有什么令人惊叹的跳跃动作，但是这场雪地追击大战非常精彩。

在如今的滑雪场上，单板滑雪的受欢迎程度几乎不亚于普通的双板滑雪。说不定正是《007之雷霆杀机》推动了这项运动发展。因为在它流行之前，邦德就在影片中展现过他单板滑雪的技能了。虽然这部电影不是我的最爱，但是单板滑雪的戏份相当好看。

首次出现特技镜头的邦德电影是《007之霹雳弹》。在影片中，邦德背着喷气背包飞上天逃走了，这一幕出乎观众的意料，着实令人难忘。喷气背包在当时备受关注，有望成为未来的移动工具。这种想法本身就极具吸引力，军方也认真考虑过它的可能性。他们希望喷气背包能在紧张的战局中派上用场，因此它出现在邦德电影中并不意外。

提到特技，大家自然会想到高空跳伞。想象一下：从3000米高空的飞机上一跃而下，在空中不停地翻滚，那该有多么吓人啊。如果没带降落伞就被推出了飞机，那就更可怕了——在《007之太空城》中，邦德就遭遇过这样的险境。不过，有个飞行员背着降落伞提前跳出了飞机，邦德在空中设法追上他，抢走了他的降落伞。在电影《007之明日帝国》中还有一种名为“HALO跳”（高空投下低空开伞）的高空跳伞。这一幕要求邦德从一架在高空海面上飞行的飞机上跳下。为了不被雷达探测到，他必须等距离水面100多米时才能打开降落伞。而且一旦进入水中，需要立即丢掉降落伞，换上水下呼吸管和氧气罐，以便潜入海里调查沉船。不管怎么说，这是相当了不起的壮举。《007之黄金眼》中也有高空飞跃的镜头：邦德骑着摩托车跳下悬崖，在空中追上一架飞机并顺利将它开走。

在很多观众眼里，最精彩的一场特技要数《007之黄金眼》中的蹦极了——身绑蹦极绳的邦德从195米高的大坝上跳下。有人说这是整个系列中最棒的特技表演，它确实惊险刺激。我不确定哪一场特技的拍摄难度最大，但我知道它们都涉及物理学知识，这也是我们本章关注的重点。

呼啸而过：滑雪和跳台滑雪

作为滑雪爱好者，我非常喜欢邦德电影中的滑雪戏。每当我重温过电影，就迫不及待地想去滑雪。看着滑雪者从山上优雅地滑下来是一件赏心悦目的事。滑雪和跳台滑雪涉及很多物理学知识。滑雪者一路加速，全程会受到多个力的作用，还会消耗自身能量，这些都涉及重要的物理学概念。

我们先从速度和加速度说起。这两个概念对你来说可能并不陌生，因为它们都和汽车有关。汽车在运动时就会有速度；比方说它的速度是60英里/时（mph）[①]。为了表达得更准确一些，我们必须指明运动的方向，例如，它是向南行驶的。如果一个物理量既有大小又有方向（例如速度），那么我们就称它为矢量，通常用一个箭头来标明它。加速度也是矢量，它表示速度的变化。如果你的速度从30英里/时变为60英里/时，就说明你加速了。

速度的单位是英里/时，当然，它还有其他单位。例如，英尺/秒（ft/s），或者公制单位米/秒（m/s）、千米/秒（km/s）。

速度和加速度的关系可以用公式表示为：

$$v = at$$

其中，v是速度，a是加速度，t是时间。根据公式，我们只要知道加速度，就可以确定任意时刻的速度。由于加速度等于速度除以时间，因此它的单位就比速度单位多除了一次时间，也就是英尺/秒/秒，或英尺/秒^2（或者米/秒^2、千米/秒^{2}等）。

我们再仔细看看这个公式。假设物体的加速度为6米/秒^2，

---

① 大约为97千米/时。

那么12秒后，物体的速度是多少？利用公式可以算出速度是72米/秒。由此可见，我们需要加速度才能达到一定的速度。那么，加速度是怎样产生的呢，或者说我们如何才能加速呢？答案是我们需要一个作用力，你可以将这个力简单想象成“推”或者“拉”的动作。滑雪时，我们需要一个能让自己加速下山的力。这个力从哪里来呢？对于滑雪者来说，它是由重力提供的。由于力可以产生加速度，而加速度是矢量，因此力也是矢量。换句话说，它既有大小又有方向。

三百多年前，艾萨克·牛顿爵士（Sir Isaac Newton）提出了与运动相关的定律。现在，它们被称为牛顿三大定律。

牛顿第一定律：任何物体都会保持匀速直线运动或者静止状态，直到外力迫使它改变状态为止。

这句话乍看之下有点奇怪。匀速运动的物体真的不受任何外力作用吗？的确如此。它需要一个力让自己加速到这一速度，然而一旦这个力被撤掉，且没有其他力作用于它时，它将永远保持这一速度运动下去。这句话的关键是“没有其他力作用于它”。在实际情况中，它往往会受到其他力的作用，其中之一就是摩擦力，并且最终它会在摩擦力的作用下停止运动。我们很难想象没有摩擦力的世界会是什么样子，不过确实存在摩擦力很小的情况。如果没有外力作用，那么地球上的所有物体最终都会停止运动。不过，稍后我们将会了解到，太空中的情况略有不同。

我们真正想知道的是，当物体受到力的作用时，它能获得多大的加速度。牛顿第二定律可以解答这个问题。

牛顿第二定律：物体加速度的大小跟作用力成正比，跟物体的质量成反比。

这句话实在是太拗口了。当牛顿第一次将这条定律公之于众时，很多人都错愕不解。他们不习惯“与什么什么成反比”这种说法。其实，这并不难理解。“成正比”是指，随着X的增加，Y也会相应增加（例如，如果X增加一倍，Y也增加一倍）。“成反比”是指，当X增加时，Y会相应减少。

我们可以将牛顿第二定律写作“力=质量 × 加速度”，用字母表示就是$F = ma$。需要注意的是，这里的m是质量，而不是重量[①]，二者是有区别的。质量等于重量除以重力加速度（物体下落时速度的变化量）。地球上的重力加速度为9.8米/秒^2。也就是说，质量永远不会改变，无论你在地球上还是在其他星球上（重力不同），哪怕在太空里，你的质量都是一样的。但是，重量取决于你所处的引力场。对于不同的行星，重

① 重量在本书中特指重力的大小，为标量。

力也有所不同；在没有任何物质的空间里，重力则不存在。

牛顿第三定律：每一个作用都有一个相等的反作用。

这里说的“作用”指的是力的作用。这条定律似乎也怪怪的，但我们几乎天天都能见到它的效果。举个例子，当你拿着水管在花园浇水，水从管子里向外涌出时，你的手就会感觉到一个力，这就是反作用力。后面我们还会讲到，火箭升空依据的也是反作用力的原理。

对力有一定了解后，我们来分析一下滑雪者从山上滑下时所受的力。前面我已经说过，这一过程涉及好几个力，我们用带箭头的线段来表示它们。受力情况如图6所示。

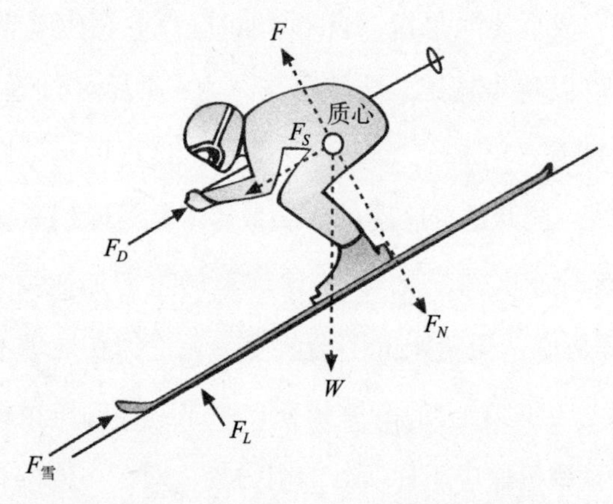

图6　滑雪者下坡时的受力情况。W，滑雪者自身重力；F_N，重力垂直于斜坡方向的分力；F_S，重力平行于斜坡方向的分力；F_D，空气阻力；$F_雪$，雪对滑雪板的作用力；F，摩擦力；F_L，气动升力

重力是我们滑雪时主要的动力来源，它作用于身体重心。我们可以认为，全身的重量（W）都作用于这一点。方便起见，我们将W分解成两个力，F_N和F_S，它们分别为垂直于斜坡和平行于斜坡的分力。平行于斜坡的分力对我们尤为重要，它是滑雪者从山上滑下来的动力。

在滑雪过程中，另一个关键的作用力就是空气阻力。它对速度的影响很大。它取决于滑雪者的身体面积、速度和阻力系数（一个常数）。由于面积是非常重要的因素，因此滑雪者可以通过缩小身体的有效面积来减少空气阻力，方法之一就是保持屈体的姿势。

此外，摩擦力——确切地说，是施加在滑雪板上的摩擦力——也是一个重要因素。这个力似乎越小越好。在滑雪下坡时，我们的确希望摩擦力尽可能地小。但是，当我们需要停下来时，就必须借助摩擦力的作用，此时我们会利用滑雪板的金属边缘。它们越“锋利”，产生的摩擦力就越大，因此优秀的滑雪运动员总是在不断地“调整”滑雪板。他可以通过快速的平行转弯技术，在沿滑雪板长度方向上产生巨大的摩擦力。

摩擦力的大小是由摩擦系数μ（取值范围在0到1之间）决定的。为了减小μ的值，滑雪运动员（也包括其他人）会在滑雪板底部涂蜡。蜡可以在低温环境中防水防雪，而且需要尽可能久地附着在滑雪板上。

在图6中，滑雪者还受到其他几个力的作用。其中之一就是$F_{雪}$，即雪对滑雪板前端的作用力。F_D是空气阻力，稍后我们会详细介绍它。我们将这些力叠加起来（减去与F_S箭头方向相反的力）就得到了$F_{合}$，即作用在滑雪者身上的合力。然后，通过公式$a = F_{合}/m$，很容易就可以确定滑雪者的加速度。

另一个与滑雪运动有关的重要概念是能量。能量有好几种形式，我们重点关注其中的两种：势能，即与位置有关的能量（缩写为PE），和动能，即与运动有关的能量（KE）。我们先来看势能。如果我们将一个质量为m的物体提升了高度d，那么我们就做了一定量的功；这里的功是指物体的重量（mg）与它被提升高度（d）的乘积。当我们对物体做功时，它的势能就会增加。用公式可以表示为

$$\mathrm{PE} = mgh = Wh$$

例如，滑雪时，我们（包括滑雪板）坐缆车升到山顶，于是获得了势能。假设你的体重是70千克，坐缆车上升了300米，那么此时你的势能就增加了205800牛·米。然后，你可以利用新增的能量为自己提供动力。

当你沿着山坡开始滑雪时，就会获得速度。此时，你的势能会不断转化为动能，也就是运动的能量。动能的计算公式为

$$\mathrm{KE} = \frac{1}{2}mv^2$$

这里引出了另一个物理学基本定律——能量守恒定律，即能量可以由一种形式转化为另一种形式（例如，势能可以转为动能），但是不能被创造。

随着一路向下滑行，你的速度将不断增加，在这一过程中，势能转化为动能；但是，势能并不会完全转化为动能。一部分势能以摩擦的形式被消耗了，还有一部分用于克服空气阻力。为了提高速度，我们必须将这些损耗降到最低。

电影中的滑雪场面

《007之女王密使》是第一部出现滑雪镜头的邦德电影，当中的滑雪场面仍然是我的最爱。约翰·布鲁斯南在他的著作《银幕上的詹姆斯·邦德》（*James Bond in the Cinema*）中提到，滑雪戏拍摄起来十分困难。为了捕捉精彩镜头，摄影师不得不举着手持式摄像机，从山上一路倒着滑下来。而且，邦德很多时候只踩着一块滑雪板滑雪——这对特技演员来说也是巨大的挑战。片中还有非常惊险的一幕：一名追击者失去控制，一头撞到了树上。不过，最惊心动魄的瞬间是邦德用滑雪板攻击一名追击者，致使他冲下了悬崖。

和邦德一样，女主角特蕾西也是一位滑雪高手。他们在雪山上的追逐戏是整部影片中最扣人心弦的一段。反派布洛菲尔德故意引发雪崩，他丝毫不在乎手下也会被积雪掩埋。邦德和特蕾西被雪崩困住了，不过邦德成功逃脱。特蕾西被布洛菲尔德抓走，并被带往皮兹葛里亚。

那么，邦德和特蕾西到底有没有可能逃过雪崩呢？要回答这个问题，我们必须先了解雪崩形成的原理。根据雪的干湿情况，雪崩分为两种类型：干雪崩和湿雪崩。干雪崩随时都可能发生；湿雪崩通常出现在春天或者突然解冻之后。当冰雪上方的"雪层"（一整块坚硬致密的雪）开始出现滑动时，就会形成湿雪崩，这有点类似于盘子在桌面上的滑动。引起滑动的不稳定因素很多，最常见的就是"雪层"上方或内部的重量突然增加。干雪崩的速度大约为129千米/时，湿雪崩的速度大约为32千米/时。邦德和特蕾西碰上的显然是干雪崩，而且他们几乎不可能跑得过它。当然，奥运会滑雪运动员的下坡速度有可能超过129千米/时，但是达到这个速度需要时间，而身处雪崩中的人根本来不及反应（通常只有几秒钟）。

《007之黑日危机》中也有一场精彩的滑雪戏。艾丽卡带着邦德去检查金工业在阿塞拜疆修建的管道，在那里他们遭到了伞鹰的袭击。为了躲避伞鹰的子弹，邦德和艾丽卡沿"之"字形路线飞快地从山上滑下来。最终，邦德来到一处悬崖边，正下方就有一架伞鹰。正如我前面所说，他跳到了它的降落伞上，导致它失控后爆炸。

最后我要说说《007之最高机密》中的一场滑雪戏。虽然它不如前作的滑雪场面刺激真实，但其中也有一些出色的滑雪镜头。

图7　跳台滑雪

说到这里，我们必须讲一讲跳台滑雪。在《007之最高机密》的一场追逐戏中，邦德从一个标准的滑雪跳台上滑了下来。对于跳台滑雪来说，滑雪者在“助滑坡”顶端拥有最大能量，也就是势能。当她沿着滑道向下移动时，速度就会增加，此时一部分势能转化为动能。滑雪者希望在落地以前飞行的距离越远越好。为此，她必须尽量提升速度，并尽可能减少（滑雪板和雪地之间的）摩擦和空气阻力。为了获得最大升力，滑雪者起跳的时机也很重要。首先，她会采取蹲姿，双臂前倾，头低下，就像跳水一样。当快接近滑道终点时（可能在距离它3米处），她的双腿会像被压紧的弹簧一样突然绷直，将自己用力向前推出。这样可以为她额外提供必要的升力。

一旦升入空中，滑雪者要做的就是尽可能久地保持这种状态。为此，她需要将身体摆成机翼的形状来获得最大升力。她会俯身向前，将滑雪板开口摆成V字形（图7)。这样做的目的就是增加身体下方的表面积，以便获得最大升力。跳台滑雪者一般能跳多远呢？这取决于他们选择的跳台高度。对于120米的跳台，通常较好的成绩是130米；对于90米的跳台，大约是95米。

喷气背包

《007之霹雳弹》一开场，邦德在一座教堂里看着一名悲伤的寡妇靠在棺材旁。棺材上的大写字母“JB”很容易让我们联想到“詹姆斯·邦德”的名字缩写。这到底是怎么回事呢？邦德在参加自己的葬礼吗？邦德尾随这名寡妇来到一幢豪宅里。当她走进起居室时，镜头忽然转向一把椅子：邦德正坐在那里等着她呢。他起身走到寡妇面前，说："我是来表示诚挚哀悼的。"然后就朝她脸上猛击一拳——这简直太出乎意料了。原来，这名"寡妇"竟然是一个男人。紧接着两个人扭打在一起。邦德最终将他打倒在地，扭断了他的脖子。就在这时，警卫们冲了进来。邦德穿过屋顶逃跑，但貌似已经无路可走。突然，他背上一个喷气背包，在一片蒸汽当中启动，带他逃到早已等候他的车旁。

这样的逃跑方式的确别出心裁。在拍摄《007之霹雳弹》期间，喷气背包正是人们关注的热点。军方尤其对它感兴趣，他们认为喷气背包可以在紧张的对敌战斗中派上用场。当时是1965年。可能你会以为，经过这么多年的科技发展，如今喷气背包应该非常普遍了吧。然而事实并非如此。

我们先从动力学角度回顾邦德逃离庄园的过程。喷气背包对邦德的身体施加了一个作用力，让他沿一定的轨迹飞行（图8）。在物理学上，我们称之为抛体运动。它所涉及的数学计算非常复杂，我们在此略过不谈。忽略空气摩擦，我们将初速度v分解成两部分：一个是水平速度v_h，一个是垂直速度v_v。可以看出，在整个飞行过程中，物体的水平速度保持不变，它在垂直方向上做的是下降（或者上升）的运动。如果在抛体经过轨迹最高点的同时，我们从同样的位置丢下一个物体，那么它将和抛体同时落地。每当我在课堂上做这个实验时，

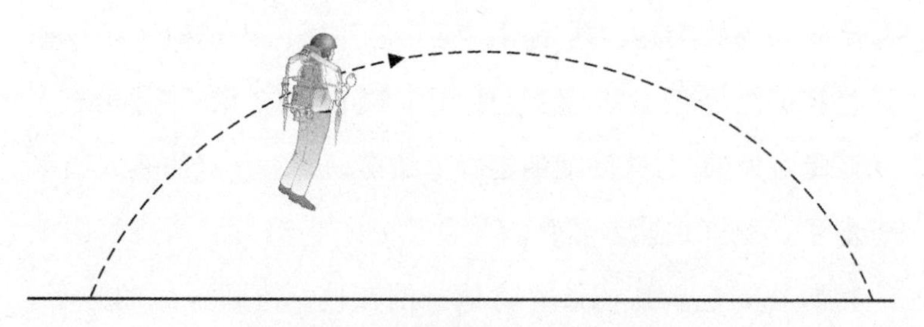

图8　邦德背着喷气背包逃跑的轨迹

学生们都会露出惊讶的表情。

了解这些之后，我们就可以确定在任意时间物体沿水平方向走过的距离，以及它距离地面的高度。对于前一个问题，我们只需要用v_h乘以它在空中飞行的时间就能得到答案。我们可以通过公式$v = v_o - at$计算任意时刻抛体的垂直速度，其中v_o是初速度，a是加速度（这里即为重力加速度g），t是时间。得到这个速度后，我们可以根据以下公式算出抛体距离地面的高度d

$$d = v^2/2g$$

例如，我们想知道抛体所能到达的最大高度。假设它初始的上升速度为20米/秒，那么它可以到达的最大高度就是$d = 20^2 \div (2 \times 9.8) = 20.41$米。

上述几个公式都适用于邦德背着喷气背包飞行的过程，只不过使用时必须注意几个问题。喷气背包的推力会在轨迹的一定距离内发生作用，而这些公式只适用于喷射时间很短或者喷射结束后的情况。另外，不要忘记空气摩擦，在上述例子中，我们没有考虑它的影响。

邦德在《007之霹雳弹》中所使用的喷气背包是20世纪50年代由贝尔飞机公司的温德尔·穆尔（Wendall Moore）发明的。穆尔亲自参与了最初的几次试飞，虽然他全程系了安全带，但还是在一次测试中弄伤了膝盖，导致不得不退出。后来，另一位工程师接替他继续进行测试。

穆尔喷气背包的动力来源是三个罐子，其中有两个装着90%的过氧化氢溶液，另一个装着氮气。操作人员将它们背在身后，等到起飞时，将打开氮气罐上的阀门，让过氧化氢流进由银质细网制成的催化反应室。过氧化氢遇到银会发生分解，生成温度极高的水，确切地说，是743摄氏度的蒸汽。蒸汽通过操作人员手臂下方的两个喷嘴喷射出来（图9）。整个过程会产生大量的热，因此操作人员必须穿戴玻璃纤维材质的防护罩来保护自己。在燃料满载的情况下，喷气背包大约能产生1333牛的推力，持续时间约20秒，因此它只能用于距离相对较短的飞行。

在影片里，代替演员完成喷气背包飞行的是威廉·苏伊特（William Suitor），他依然保持着大部分火箭背带的飞行纪录。自1965年以来，喷气背包有了些许改进，但仍然只适合短途飞行。最近，加利福尼亚州的千禧喷气机公司制造了一种类似的装置，名叫SoloTrek XFV。它很笨重，大约160千克，还需要消耗煤油等燃料。不过，一罐燃料可以维持两个小时的飞行。目前它还处于试验阶段。

NASA非常希望能将喷气背包应用于太空项目。宇航员经常需要在飞船外部和空间站里工作，他们一般用牵引绳拴住自己防止飘走。然而，一旦牵引绳断裂，他们就很难获救。于是人们开发出一种名为SAFER的喷气背包（Simplified Aid For EVA Rescue）。它由氮气推进器进行驱动，可以持续工作13分钟。

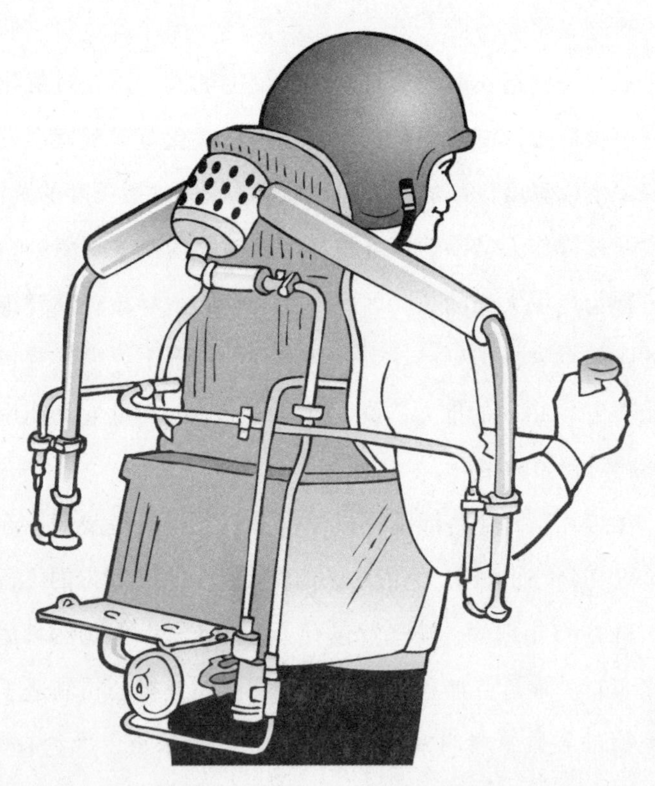

图9　喷气背包的构造示意图。可以看到，邦德肘部下方有两个喷嘴

惊心动魄：高空跳伞

《007之太空城》的开场可谓相当惊险。执行完任务后，邦德乘坐飞机返回。他很快便和一位漂亮女子相拥在一起（一如既往）。突然，她掏出一把枪。片刻之后，她背上降落伞跳出了舱门。随后，飞行员背着降落伞出现了，显然他也打算弃机离开。邦德和他进行了短暂的搏斗，然后将他丢出舱门。几秒钟后，邦德被反派大钢牙推出了飞机。但是，邦德和大钢牙都没有带降落伞。很难想象，还有什么情况会比身处近两千米的高空却没有带降落伞更糟糕。邦德是如何摆脱困境的呢？从他接下来的举动可以看出，他对跳伞有一定的了解。他头朝下，双臂紧贴身体两侧，很快便追上了飞行员。经过短暂的打斗，他成功夺走飞行员的降落伞（图10）。过了一会儿，大钢牙也用同样的方式追上并抓住邦德，但是邦德拉动降落伞上的开伞索，顺利脱身。

这一幕显然是通过特技完成的。你知道他们是怎样拍摄邦德在空中没有降落伞的镜头的吗？其实，特技演员在外套下面藏了特制的小降落伞。经过反复拍摄和大量的镜头剪辑，这才有了成片的效果。

那么，邦德是如何追上飞行员的呢？他必须比飞行员下落得更快。但是，很多年前伽利略就已经证明过，所有物体都是以相同的速率（因为具有相同的加速度g）下落的。不过，他忽略了一个重要因素：空气阻力。

图10　高空跳伞。跳伞者伸开双臂来减缓自身速度

如果不计空气阻力，我们很容易算出物体下落的速度和距离。根据第37页和第48页的公式，我们得到如下表格。

时间（秒）	速度（米/秒）	距离（米）
0	0	0
1	9.8（35.28千米/时）	4.9
2	19.6（70.56千米/时）	19.6
3	29.4（105.84千米/时）	44.1
4	39.2（141.12千米/时）	78.4

然而，当物体从高空下落时，我们必须考虑空气阻力，而且

有时空气阻力的影响很大。之前我们认为加速度是g（9.8米/秒^2）。但是考虑到空气阻力，加速度的计算公式就变为

$$a = (W - F_D)/\mathrm{m}$$

其中，W是人的重量，F_D是阻力。

随着跳伞者下落速度的加快，他受到的阻力也会增加；当$W = F_D$时，他就会停止加速。此时，跳伞者达到了最大速度。这个速度取决于几个因素，比如跳伞者身体的横截面积和重量。阻力的公式为

$$F_D = c_d \rho v^2 A/2$$

其中，ρ是空气密度，c_d是阻力系数，A是跳伞者的横截面积，v是跳伞者的速度。通过这个公式，我们很容易就可以得到他的最大速度

$$v_{最大} = (2W/c_d \rho A)^{1/2}$$

由此可以看出，横截面积大且重量轻的物体（例如羽毛和降落伞）很快就会达到最大速度。仔细观察这个公式我们发现，随着A的增加和W的减少，终端速度会减小。面积越大，空气阻力就越大。之所以存在这样的阻力，是因为空气分子与下落的身体相互碰撞，产生了一个向上的力（与重力方向相反）。由于这个力取决于跳伞者的身体面积，因此他可以通过“大鹏展翅”的动作来减缓自己的速度——也就是说，他可以伸展四肢，尽量增加在下落方向上的身体面积。这样一来，加速度就会减少。保持这样的姿势，他就能尽快达到最

大速度。如果他想提升速度，那么只要低下头并将双臂放在身体两侧就可以了。此时，他只有头和肩膀这部分区域（和整个身体相比要小得多）与空气接触。因此，他对自身速度有着相当大的控制力，随时可以提升或降低速度（在一定范围内）。

上述公式中还有两个因子我没提到：c_d和ρ。c_d是阻力系数，它取决于物体与空气接触的表面形状，取值范围在0到1之间（实际略大于1）。我们谈论汽车时经常会提到阻力系数。现代汽车的c_d通常为0.3。在跳伞的过程中，我们有很多控制c_d的办法。比如，戴上子弹形状的特制头盔，穿上特殊的服装等。另一个因子ρ是空气密度，它会随着高度的上升而减小，因此高海拔地区的ρ有可能非常低。这就表示，在极高的地方，阻力会相当小。

那么，跳伞者的最大速度一般是多少呢？如果他从中等海拔的地方起跳，并且采用“大鹏展翅”姿势的话，那么他的最大速度大约为201千米/时。如果他缩成一团，减小了自身面积，那么最大速度大约为322千米/时。如果他将头低下并将双手放在身体两侧，那么速度还会更快。邦德就是这样追上了飞行员。

如果跳伞者从极高的地方（那里的ρ非常低）跳下，那么他的最大速度将会非常快。1960年，小约瑟夫·凯庭尔（Joseph Kittinger Jr.）就完成过这样的极限跳跃。他从31.4千米高空中的氦气球上跳下，据说他的自由落体速度达到了274米/秒，非常接近空气中的声速（331米/秒）。有人认为他说不定突破了声障，但这似乎不太可能。他在几乎没有气压的情况下（在这个高度时，ρ非常小），维持了大约4分钟的自由落体状态。如果在这段时间里气压为零的话，他的速度将会超过2235.2米/秒。当然，这种情况不可能存在。凯庭尔仍然保持人类自由落体的最快速度。不少人正在计划打破他的纪录。

说回邦德电影。接下来，我们要讲讲《007之明日帝国》中的HALO跳伞。在影片中，邦德要从6000多米高空的飞机上跳下，而且必须在低于雷达的探测范围（即大约61米的高度）后，才能打开降落伞。开伞之前，他的速度有可能超过483千米/时。如果以这样的速度入水，恐怕会被拍得粉身碎骨。为了保护自己，他必须穿着特殊的防护服和护目镜，即便如此，他仍有可能因为缺氧而陷入昏迷。除此以外，他还必须在入水的瞬间尽快摆脱降落伞，以免被伞绳缠住。他还得立刻穿上脚蹼（提前绑在他的腿上），装备好氧气瓶。总的来说，这段特技表演相当精彩。

最后，我还要提一下《007之黄金眼》中的一场高空跳跃戏：邦德驾驶摩托车追着飞机冲出悬崖，他向下俯冲，成功抓住了这架飞机。他设法钻进驾驶舱后，立刻将急剧下降的飞机向上拉起，避免它撞向高山。

玩的就是心跳：蹦极

不知道这种运动算不算是一种对死亡的蔑视。不过，《007之黄金眼》开场的蹦极特技的确不输给HALO跳伞。邦德从俄罗斯一处195米高的大坝坝顶蹦极跳到坝底。他自由落体到达坝底时的速度接近161千米/时，而且这次下面可不是水，而是水泥。电影中的这一跳其实是由特技演员韦恩·迈克尔（Wayne Michael）完成的。为了防止迈克尔撞上大坝，制片方在拍摄时使用了一台吊车。蹦极时，人体会在绳索的牵引下，上下来回多次反弹。为了避免这种情况，邦德用了一把钉枪。他将带绳索的岩钉射进坝底附近的水泥中，借此来稳住身体，解开身上的蹦极绳（图11）。

在美国，蹦极算是相当新颖的运动。它起源于南太平洋五旬节群岛之一的瓦努阿图岛。当地的年轻人为了展示自己的勇气，就在腿上系一根藤蔓，从高高的平台上跳下去。他们的目标是尽可能接近但又不会真正撞到地面（这样做仍然存在致死的可能性）。20世纪80年代初，这项运动被推广到英国牛津（牛津大学冒险俱乐部）和新西兰，20世纪90年代初传入美国。当时常见的蹦极平台有吊车、塔楼和热气球等。

蹦极是一种什么样的感觉呢？蹦极者迈克尔·布莱克（Michael Black）2001年表示，“你必须得亲身体验才能知

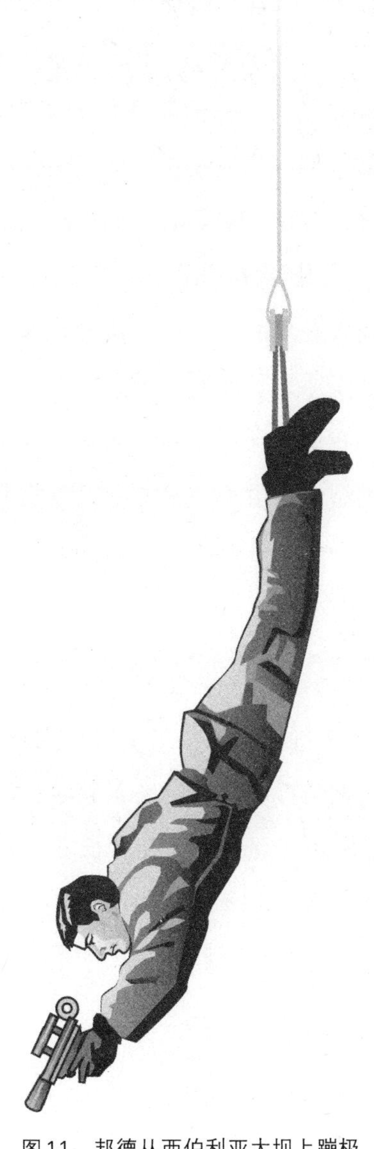

图 11　邦德从西伯利亚大坝上蹦极

道……从跳台边缘一跃而下时那种心惊肉跳的感觉是无可比拟的。”我从来没有尝试过蹦极，因此无法向大家描述那种感受。不过可以确定的是——起初我们处于自由落体的状态，然后绳索开始被拉伸。当绳索被拉伸至最大限度时，会再次将人体向上拉起；之后人体又会再次落下。在稳定下来之前，我们可能会经历三到四次这样的上上下下。

现代蹦极绳索是专门为这种跳跃设计的。它柔软且富有弹性，可以拉伸至原来长度的三到四倍。为了理解蹦极背后的物理学知识，我们必须重新回到能量的概念上来。前面已经介绍了两种类型的能量（PE和KE），事实上还存在其他形式的能量。其中之一就是弹性势能（SE），它是由弹性系数k决定的，计算公式为

$$SE = \frac{1}{2}kd^2$$

其中，d是弹簧（或绳索）发生形变时偏离其自然长度的量。我们分别考虑三种情况：蹦极者准备起跳；蹦极者保持自由落体状态的最后一刻（绳索达到自然长度L）；蹦极者到达最低点（即绳索被拉伸至$L+d$处）（图12—14）。当绳索被拉伸至最大长度时，势能就等于绳索的弹性势能。

$$W(L+d) = \frac{1}{2}kd^2$$

通过解方程，很容易就可以求出d

$$d = W/k + (W^2/k^2+2WL/k)^{1/2}$$

这个式子看起来很复杂，我们可以代入具体数字计算一下。假设体重80千克的人从平台上起跳，他使用的绳索长度为30米，k为73.5牛/米。将它们代入上述公式就可以得到：绳索被拉伸的长度为38米。（我们顺便计算了邦德蹦极的情况，结果发现他所需要的绳索应该略长于122米。）

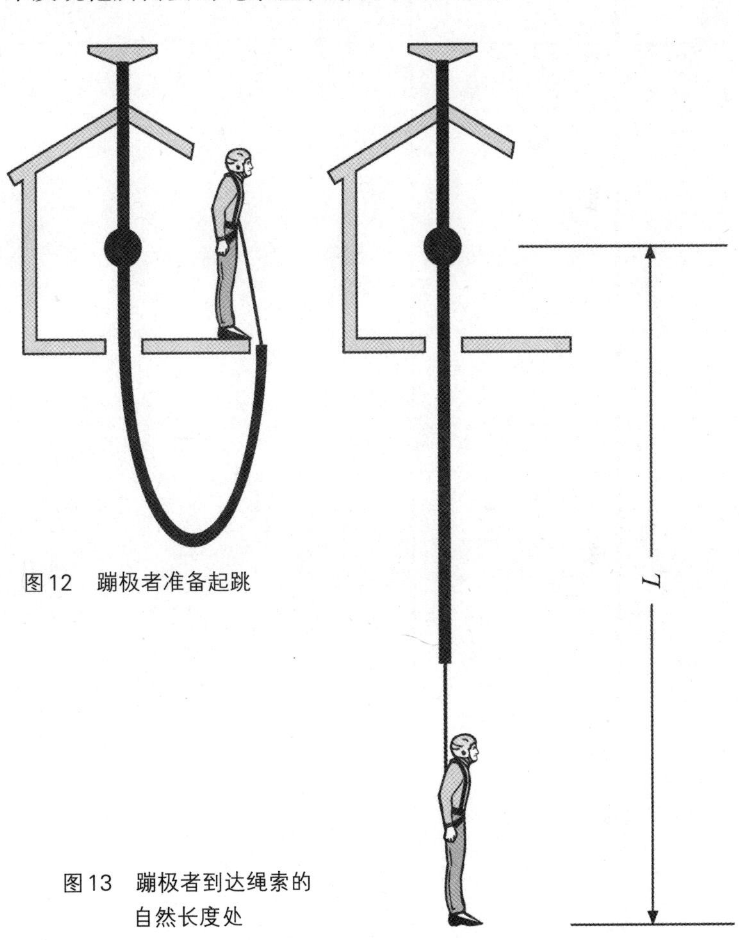

图12　蹦极者准备起跳

图13　蹦极者到达绳索的自然长度处

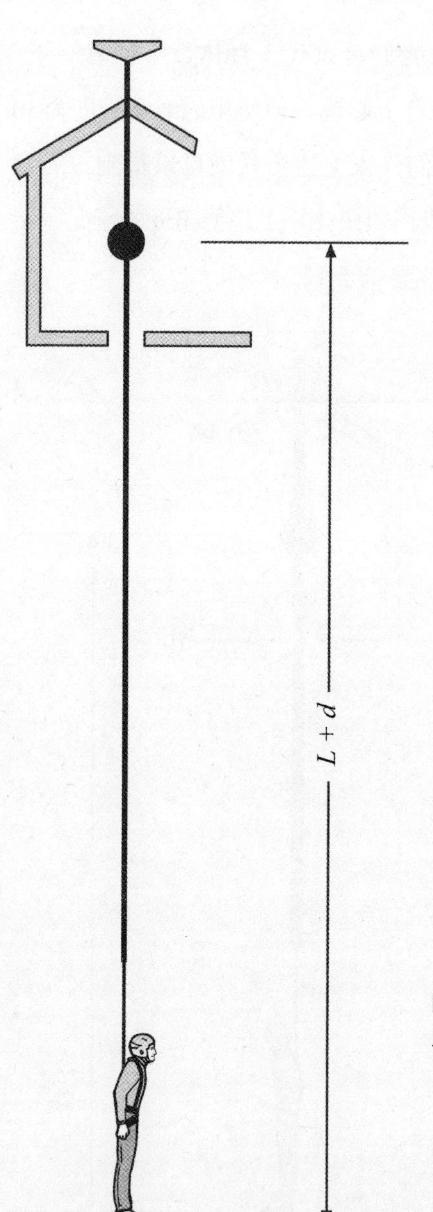

图 14　蹦极者到达最低点。此时，绳索处于最大拉伸状态

假设绳索的自然长度为30米，那么，蹦极者在最初的30米里处于自由落体的状态。忽略摩擦力，在自由落体阶段结束时，他的速度将达到24米/秒或86.4千米/时。然而，一旦蹦极绳索被拉伸，他就会迅速减速，并在68米处速度减为零，接着开始加速上升。

其实，我们的计算非常粗略。如果想得到精确的结果，就必须考虑更多因素。例如，为了避免绳索与塔台之间产生摩擦，靠近塔台一端的绳索通常有一部分是没有弹性的；而且绳索的弹性系数在绳上各处往往并不恒定，很多时候它都在变化；除此以外，我们还需要考虑自由落体时的空气摩擦。

波涛汹涌：冲浪

《007之择日而亡》的开场有一组令人印象深刻的冲浪镜头（图15）。我不知道这算不算特技表演（如果浪够大的话，我想应该算的），但它的确相当壮观。这一幕原本设定发生在朝鲜海岸，但实际的拍摄地点是在夏威夷的毛伊岛。（我懂……我当时也是同样的反应……朝鲜能有那样的巨浪吗？）

影片中出现了三位冲浪者。其中之一就是夏威夷的莱尔德·汉密尔顿（Laird Hamilton），他是巨浪冲浪运动的顶级大师。最近，他挑战了大溪地沿海的提阿胡普巨浪——之前从

图15　冲浪者

未有人尝试过。在当地冲浪极其危险，不仅海浪的流量和速度惊人，而且那里的水很浅，人跌进水里必死无疑。海浪运动的速度相当快，甚至让冲浪者无法从冲浪板上起身。为了解决这个问题，汉密尔顿让一艘喷气式滑艇以64千米/时的速度（和海浪速度相当）拖着自己，以便他能在冲浪板上站起来。有人认为这属于作弊行为，而我却只想为他鼓掌叫好。

冲浪运动看似与物理学的关系不大，然而并非如此。仔细观察一下水面上的波浪，它看起来好像在不停地移动，但其实它只是一种水面上的扰动。水（或者其他物体）中的任何质点都不会偏离它的初始位置太远。如果我们在水面放一个软木塞，那么当波浪经过它时，它只会上下起伏（也会轻微地来回摆动）。

波有两种类型：横波和纵波。横波的特点是，单个质点的振动方向与波的传播方向垂直。大多数波浪都是横波。波上相邻两个等效点之间的距离叫作波长（通常用λ表示），每秒经过的质点个数叫作频率（f）。它们与波速（v）的关系为

$$v=\lambda f$$

对于纵波来说，每个质点的振动方向都与波的传播方向平行。图16所示的就是一个纵波。上述公式同样适用于它。最常见的纵波就是空气中的声波。从某种程度上来说，海面上的波浪也属于纵波。此时，水的质点在波的传播方向上会发生一些位移。仔细观察海浪你就会发现，水的质点是以圆形或椭圆形的轨迹在运动的（图17）。对于给定的水质点（或者水中的软木塞），它不但会上下运动，还会小幅度地前后移动。因为它总是会回到初始位置，所以从整体上看，水并没有移动。

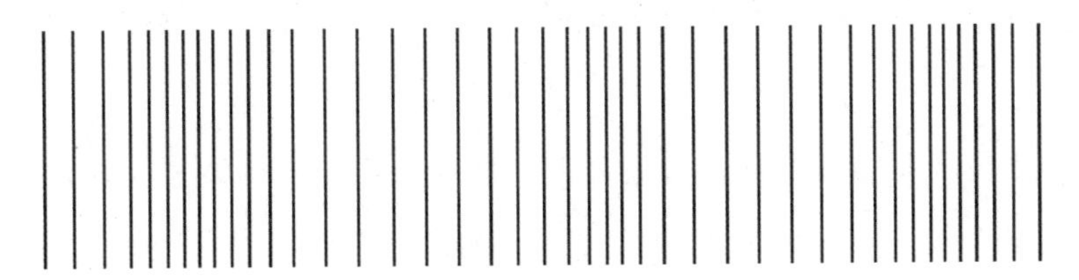

图16　纵波

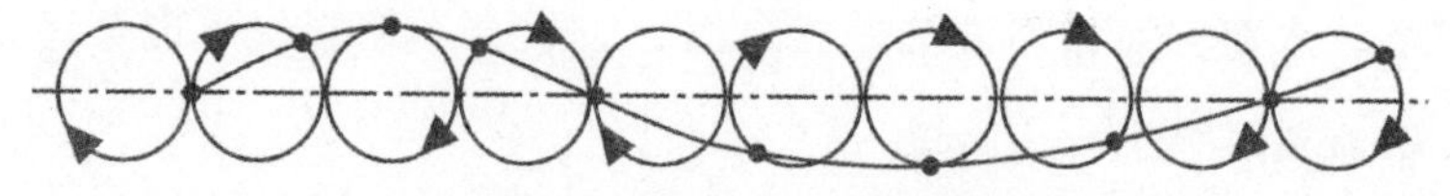

图17 波浪中水质点的运动

虽然水本身没有移动，但能量的确是通过水来传递的。水中的每个质点都具有振动的能量，还会将它传递给相邻的质点。正因为存在这样的能量，我们才能在海上冲浪。

波浪是如何形成的呢？它主要还是风作用的结果。波浪的强弱取决于风的速度和持续时间。风的作用区域（即风吹过的开放水域的范围）也是一个影响因素。开放区域越大，波浪就越大。也就是说，开阔海面上的波浪要比围挡区的大得多。通常来说，波浪的高度不会超过风速（以英里/时为单位时）的二分之一。这就表示，60英里/时（约97千米/时）的风在海面上最多产生30英尺（约9米）高的浪。

冲浪爱好者喜欢9米高的浪。而职业选手则希望挑战15米高的巨浪。那么，浪究竟能有多高？有记录以来的最高海浪出现在1993年。它略高于30米，不过这种情况非常罕见。

通常，海洋中心的波浪非常平和。但是，当它撞击浅滩时，就会变得汹涌澎湃（在近岸形成巨浪的波，在海洋中央可能只有十几厘米高）。当波浪开始在浅滩“触底”时，它的波高就会急剧增长。波浪在何时触底取决于它的波长。当水深达到波长的一半时，波浪就会触底。此时，波速会减慢，它身后的其他波浪会迅速向它挤来，使得水质点（原本运动轨迹是圆形）挤压在一起，轨迹变成了拉长的椭圆形。这时，后面波的速度比前面的快，于是就将波浪推升至最大高度。然而与此同时，这个巨浪还在快速移动，很快它就会翻卷起来，向前倾覆破碎，形成一片泡沫（图18）。

图18　沙滩上的破浪

有一个规律可以帮助我们判断波浪破碎的时机。当浪的高度与水深的比例大约为3∶4时，波浪就会破碎。例如，一个3英尺（约0.9米）高的浪会在水深4英尺（约1.2米）的地方破碎。

前面我说过，波携带着能量。当波浪靠近岸边时，波高的突然增加会改变这种能量。在水较深的地方，波携带的能量主要是势能；但是当它接近岸边并且发生撞击时，能量就转化为动能。此时，水分子会向前移动。

当浪朝岸边涌来时，冲浪者会等待它的高度上涨。他希望抓住波浪上升的时机，这样就可以被推至最高处。此时，波浪的速度最快。

当冲浪者顺利站上冲浪板时，又涉及另一个物理学原理——阿基米德定律。它表明，冲浪者和冲浪板的重量等于冲浪板排开的水的重量。由于冲浪者和冲浪板漂浮在水面，因此冲浪板所受的合力为零。于是我们可以得到

$$\rho_{冲浪} = \rho_{水} - m/dA$$

其中，$\rho_{冲浪}$是冲浪者的密度，$\rho_{水}$是水的密度，d是冲浪板的厚度，A是它的面积。人们往往会参考这个公式来设计冲浪板。不难看出，在制作冲浪板时，我们应该选用轻质材料，而且要将面积尽量做得大一些。当然，冲浪板的面积也不能过大，否则会很笨重。冲浪板一般由密度很低的玻璃纤维材料制成，表面涂有树脂保护层。

关于特技表演我就介绍到这里。我知道，还有很多内容我没有提及，不过影片中较为精彩的部分基本都讲到了。最后，我再简单提一下邦德抱着飞机机身在空中飞的镜头（《007之黎明生机》和《007之八爪女》中都出现过）。这些特技同样令人惊叹，但它们并没有涉及重要的物理知识。

第003章　激光器与全息图

“仿佛有一股无形的气流打在他们身上，转眼便化作白色的火焰……一道无声无息令人目眩的闪光过后，有人一头栽倒在地，躺在那儿一动不动。一阵看不见的热浪扫过，松树瞬间烧着了……”这是H. G. 威尔斯（H. G. Wells）的小说《世界大战》（*The War of the Worlds*）开头部分的场景描写，首次将“射线枪”的概念带到人们面前。不难想象，很快科幻作家们便纷纷效仿，从《飞侠哥顿》（*Flash Gordon*）到《巴克·罗杰斯》（*Buck Rogers*），人人都用上了射线枪。和时空穿越一样，射线枪也成为科幻小说必不可少的元素。

射线枪真的存在吗？其实，关键的“射线”部分我们已经搞定了——激光束。1960年，激光器就被发明出来了。很多人坚信射线枪也能很快被造出来。然而稍后你就会发现，这条探索之路上一直问题不断。尽管如此，《007之金手指》还是在20世纪60年代初上映了，影片中最令人揪心的一幕就是邦德差点被激光切成两半。他被绑在一张黄金做成的桌子上。在反派“金手指”的注视下，一束激光朝着邦德移动，途中它差点把桌子给烤化了。导演的这一做法十分讨巧，因为当时激光器刚刚问世，人们对它还抱有强烈的好奇心。

影片的原著小说写于20世纪50年代末，伊恩·弗莱明对激光可能知之甚少，因此他在书中并没有使用激光。不过，他选择了同样致命且令人不寒而栗的工具——高速旋转的圆锯片，它一样能将邦德快速切成两半。在我看来，旋转锯片要更恐怖一些。几年前我去过一处事故现场，有个人在伐木时不慎跌落到巨大的刀刃上。希望这辈子再也不要看到那样的场景，我接连做了好几个星期的噩梦。

旋转的锯片无疑会令观众感到后背发凉，然而影片换用激光则是神来之笔。激光朝着邦德胯下移动的那一幕常常出现在广告中，任何看过电影的人无疑都会对它记忆犹新，久久不忘。反正我是如此。

什么是激光？

那么，什么是激光呢？它真能把邦德切成两半吗？之后的《007之金刚钻》等电影中陆续出现了卫星发射激光的镜头，令我们不得不质疑：它的威力是否真的足以将导弹和卫星击出天际。我们确实可以造出强大的激光，但大多数激光都没有什么破坏力。多年来，我经常在课堂上用激光器做演示实验。当我告诉学生激光束与普通手电光束没有区别时，他们总是十分惊讶。只要你不把激光照进眼睛，它就不会伤害到你。事实上，就算激光击中你的皮肤，你也不会有任何感觉。

我们先来看看激光与普通白光的区别。为了搞清楚这一点，我们将从光的基本属性说起。19世纪60年代末，苏格兰物理学家詹姆斯·克拉克·麦克斯韦（James Clerk Maxwell）提出，可见光是我们现在所说的电磁波谱的一部分。电磁波谱包含了从无线电波到X射线和伽马射线的一系列波。所有电磁波（包括光）都有相互关联的波长和频率。从图19我们可以看到，一个波的波长是指波上等值点之间的距离。例如，它可以是两个连续波谷或者波峰之间的距离。我们可以通过波长来确定波的类型。无线电波的波长最长超过1000米，最短则不到1米；可见光的波长最短可达10^{-5}厘米；而X射线和伽马射线的波长甚至还要更短。

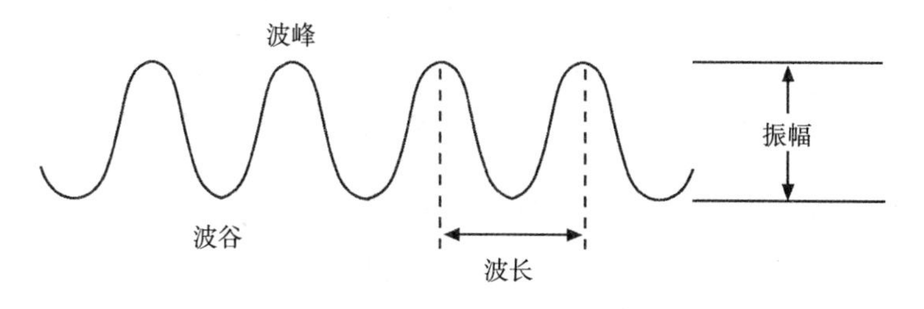

图19 横波的波长与振幅

我们还可以通过频率（或者每秒振动的次数）来确定电磁波的类型。所有电磁波都是以光速传播的。在一定时间内（比如1秒钟），会有一定数量的“波峰”经过我们，这个数量就是频率。电磁波还有一个属性，叫作振幅，它与波的“强度”有关。就普通光而言，振幅越大，光的亮度就越强。假设有两个并排移动的波，即使它们波长相同，步调也有可能不一致。对于这种情况，我们则称它们之间存在相位差。

以上就是目前我们需要了解的麦克斯韦理论的全部内容。接下来我们还需要明白一些关于光的知识。1900年，德国物理学家马克斯·普朗克（Max Planck）提出了一个理论，他认为辐射（电磁波）是以离散的能量团发射出来的；他将这些能量团称为“量子”。量子的能量可以由公式$E = hv$得出，其中E是能量，v是频率，h是一个常数，后被称为普朗克常数。

为什么会存在两种不同的理论？哪一种才是正确的呢？事实上，它们都是正确的。普朗克理论其实就是量子力学的基础，也是目前公认的基本粒子及其相互作用的理论。尤其重要的是，丹麦物理学家尼尔斯·玻尔（Niels Bohr）根据普朗克理论给出了一个原子模型（图20）。在这个模型中，由质子和中子组成的“原子核”位于中心，四周环绕着处于不同轨道的电子，这与行星围绕太阳运行十分相似，只不过电子必须在原子核附近固定的距离内运动。然而，与太阳系中的行星不同，电子可以在各个轨道之间来回跳跃，并同时发射或吸收一个特定频率的能量子，也就是“光子”。具体来说，当较高轨道上的一个电子跳进较低的轨道时，会发射或释放一个光子；而当较低轨道上的电子吸收一个光子后，就会跃迁到更高的轨道上。顺便说一下，这些光子与麦克斯韦的电磁波其实是一回事。

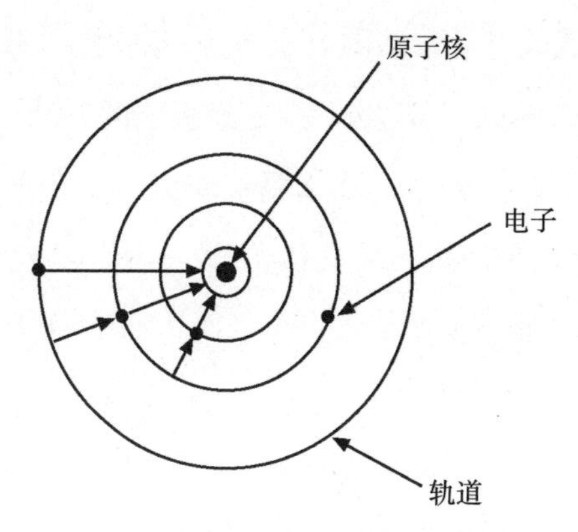

图20　玻尔的原子模型：原子核位于中心，
电子分布在周围的轨道上

虽然玻尔的原子模型算得上是一个重大突破，但它解释不了所有问题。1916年，阿尔伯特·爱因斯坦（Albert Einstein）给出了更全面的描述，弥补了之前的不足。他提出一个问题：如果一个光子击中一个已经处于外层轨道上（即处于“激发态”）的电子，会发生什么现象？理论上讲，这个电子会跃迁至更高的轨道。这确实是有可能发生的。然而爱因斯坦却认为，电子也许会被迫进入较低的轨道，如果是这样，它就会释放出一个和撞击它的光子一模一样的光子。于是，我们就得到两个相同的光子。

爱因斯坦将这一现象称为受激发射。一般情况下，电子向下跃迁并释放一个光子的过程叫作自发发射。这个想法的惊人之处在于，理论上它可以产生一连串的“光子流”。那么如何才能实现它呢？假设我们有大量的受激原子（即原子中处于外层轨道或者激发态的电子）。一旦发生受激发射，每一个被释放出来的光子都会激发更多光子的释放。具体来说，如果一开始有两个光子，那么紧接着就会产生四个光子，然后是八个，以此类推。从整体上看，我们得到的就是一个“放大”的光子束。

科学家将生成这类光束的设备命名为“激光器”（LASER），全称是受激发射光放大器（Light Amplification by Stimulated Emission of Radiation）。讲到这里，我们就不难理解这个名字的含义了。激光就是在受激辐射过程中产生并被放大的光。

想要得到激光，我们就需要大量处于激发态的原子。至少从理论上讲，这样做是可行的。然而我们知道，现实中的事往往并不像理论那么简单。在自然环境下，尽管可能存在少量的光放大现象，但是并没有什么利用价值。“激光效应”并非那么容易就能实现。我们需要一个拥有大量处于激发态原子的系统，这在自然界是很少见的。大多数原子都处于或者接近“基态”，也就是能量最低的状态。如果对原子加热或者施以其他形式的能量，那么一些电子就会吸收光子并跃迁至外部轨道。这样一来，原子就处于“激发态”了。

如图21所示，我们用横线来表示原子的状态。为了产生激光，我们必须使高能级上的原子数量大于低能级上的原子数量，也就是说实现粒子数反转。多年来，很少有物理学家敢这样设想。在自然界中（也就是通常情况下），粒子数反转的情况是不存在的，而且似乎也很难通过人为的方法实现。但是在20世纪50年代，人们终于解决了这个问题，稍后我会详细说明。我们先继续说回詹姆斯·邦德和《007之金手指》。

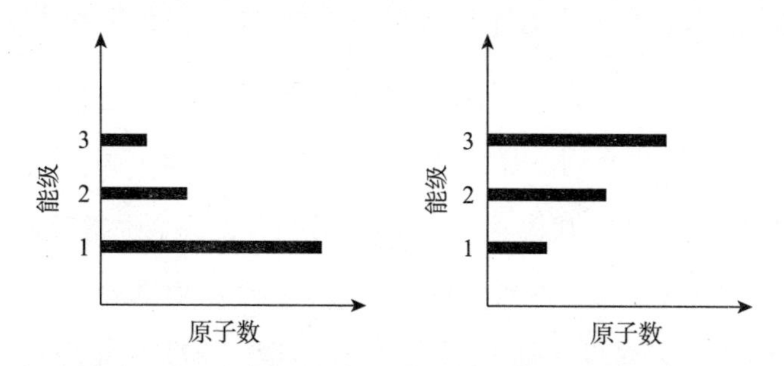

图21　处于不同能级的原子数量。右图所示为粒子数反转

回到《007之金手指》

在20世纪60年代初拍摄《007之金手指》的时候，激光器还是新鲜事物。很多人对它十分关注，也充满好奇。那么，激光器会成为科幻作品中经常出现的“射线枪”吗？科

学家对此持谨慎态度，但同时也非常乐观。他们中的许多人相信，将来激光肯定能切开十几厘米厚的金属板。不过在当时，就连穿透一个剃须刀片都很费劲。很多科学家开玩笑似的用“吉列”[①]数来衡量激光的“切割或穿透能力”。例如，如果一束激光能够穿透一个吉列剃须刀片，那么它的穿透力就是1吉列。而当时的激光最多只能穿透几个剃须刀片，根本无法用来切割《007之金手指》中的黄金桌。那么制片方是如何解决这个问题的呢？其实也不难。他们让一个人躲在桌子下面，举着焊枪配合切割。仔细观察的话，你会在画面中看到焊枪的火焰。

顺便一提，这一幕中的名场面不只是激光，还有影片中最经典的两句台词。邦德说：“你希望我招供吗，金手指？”对方回答：“不，邦德先生，我要你死。”说完金手指就走了，任由邦德躺在那里等死。当然，邦德还是成功逃脱了。他问金手指：“大满贯行动怎么样？”金手指以为没人知道他的计划，内心有些动摇。就在激光快要碰到邦德时，他让人关掉了它。

影片中的激光被夸大的不仅仅是它的切割能力。我在课堂上做激光演示实验时，总是会提前告诉学生，激光束是不可见的。如果我们将激光投射在墙上，那么只能清楚地看到

① 吉列（Gillette）是美国剃须护理品牌。

一个红点，看不见光束本身。而在影片中（包括大部分涉及激光的电影），我们却能实实在在地看到激光光束。这一幕确实违背了科学常识，可它到底是如何拍出来的呢？其实这也不难。他们只是在拍摄完成后加上了特效而已。

让激光束“现形”的办法也不是没有。只要将激光射向烟雾或者粉尘中，你就可以看见它了。每当我做激光演示实验时，总会准备几块沾满粉笔灰的板擦。我拍打板擦，制造大片的粉笔灰，于是红色的激光束就会神奇地显现，这往往令学生们十分激动。当然，在《007之金手指》中，邦德周围可没有这样的粉尘。

邦德电影里的激光器

在《007之金手指》中，反派还利用激光器打开了诺克斯堡金库的大门。激光器在其他几部邦德电影中也出现过。例如，几年后的《007之金刚钻》就用到了它。在这部电影中，邦德的老对手恩斯特·布洛菲尔德冒充身家上亿的飞机制造商威勒·怀特，制造了一种十分超前的太空武器——能发射致命激光的卫星。它的内部被填装了钻石，能够产生“超级激光”。在影片中，这台激光器炸毁了一枚美国导弹，还击沉了一艘潜艇——战绩相当惊人。稍后我会在关于太空武器的章节中进行介绍。

《007之金枪人》中也用到了激光。反派弗兰西斯科·斯卡拉孟加利用太阳能装置制造了一门激光炮，并且向邦德的水上飞机发射激光。不用说，水上飞机被摧毁了。在《007之太空城》中，美国的太空部队用激光武器对付雨果·德拉克斯的太空站。美国航天飞机的鼻锥里也内置了激光器，邦德用它摧毁了飞往地球大气层的神经毒气球。

而我最喜欢的还是《007之黎明生机》中邦德的阿斯顿·马丁V8轮毂盖上配备的激光器。邦德用它将一辆捷克警车的车身和底盘彻底分家（如果你信的话）。邦德汽车上的小道具那么多，装上激光器也是迟早的事。

同样令人新奇的还有《007外传之巡弋飞弹》中邦德手表里内置的微型激光器，他用它切开了手铐。最后我要说说《007之择日而亡》中的激光器。卫星“伊卡洛斯”向地球发射了一束高能激光，清除了朝鲜和韩国之间的雷区。所以说，邦德电影中并不缺少激光器的身影。

更多关于激光的知识

前面我说过，激光与普通白光相似但又有所不同。现在我们来看看这个问题。激光与普通白光最重要的区别在于，激光具有相干性。我们知道，每“束”光都是以波的形式来传播的，但是在白光中，这些波不一定是对齐排列的；而对于激光来说，它们排列得很整齐（图22）。另外，要具有相干性，激光必须是单色光。换句话说，这些光波必须具有相同的频率。

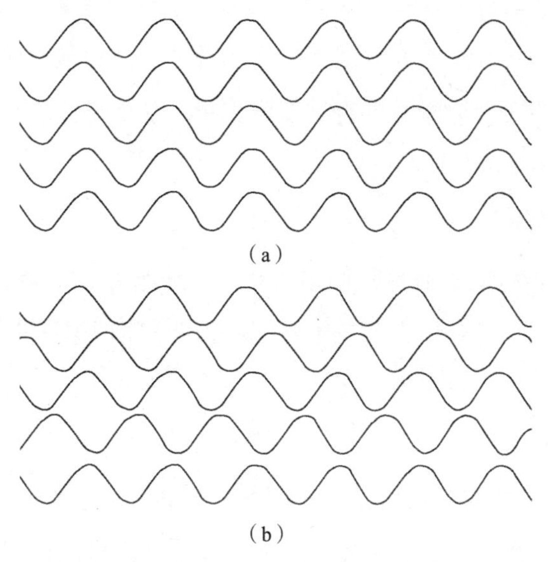

（a）

（b）

图22　相干波。上面的波（a）具有相干性，下面的（b）则没有

一旦光具有相干性，就不会像普通白光那样，存在子波或者光子的“内部散射”。于是，光就会变得亮度极高，能量极大，而这一点非常重要。我们可以借助手电筒来理解它。用手电筒照向黑暗的地方，它的光能照多远呢？如果它的功率足够大，那么差不多能照到30米。但是，无论手电筒的功率有多大，它的光都无法到达极远的地方。如果换用激光器来照射，那么结果将会令你惊讶。激光束不会散开，至少它

分散的程度极低。激光器刚诞生没多久，人们就用它朝月球发射了一束激光。想想看，这可是相当了不起的创举。月球距离我们有38万千米，激光到达那里时仅仅扩散了几千米。也许你还记得（如果你足够年长的话），1969年第一批宇航员登月后，在月球表面放置了一面小镜子。人们从加利福尼亚向这面镜子发射激光并得到反射光束，从而确定了地球与月球之间的距离，误差仅有几厘米。

这需要用到大功率的激光器吗？可能你认为需要，然而事实并非如此。通常我们用“瓦特”来衡量激光器的功率。它小到零点几瓦，大到几十亿瓦。而我们用来向月球发射光束的激光器功率只有几瓦特。如今，大多数手持式激光器的功率只有几毫瓦。不过，有些激光器的功率高达数十万瓦，脉冲激光器能在几十亿分之一秒内发出数万亿瓦的脉冲信号。

总的说来，激光的亮度很高，功率也可以很大。此外，激光器的规格种类繁多。利用现代电子技术，我们甚至可以造出比盐粒还小的激光器。与此同时，军方正在研制一些激光武器，它们几乎和楼房差不多大。

产生激光关键：粒子数反转

正如前面所说，产生激光的关键条件是受激发射和粒子数反转。如果我们有足够多处于激发态的原子，那么很容易就可以得到激光。每个光子能产生两个相同的光子（当然，其中一个是初始光子），这有点类似于原子弹中的链式反应。为了顺利得到激光，我们必须实现粒子数反转。

那么，如何才能实现粒子数反转呢？我们采取的是一种叫作“泵浦”的办法。具体来说就是将电子抽运到更高的能级，从而使原子处于激发态。实现泵浦的方式有好几种，其中最常见的就是气体放电。对于只有两个能级的系统，电子将从低能级被抽运到高能级，直到处于高能级的电子比低能级的多。

一般来说，三个能级的系统更为常见，也更适合实现粒子数反转。在这种情况下，电子将被抽运到最高能级。处于第三级的电子几乎立刻就会向第二级跃迁，同时释放出光子。哥伦比亚大学的查尔斯·汤斯（Charles Townes）制造了第一台可以实现粒子束反转的装置，但由于它只适用于电磁波谱的微波范围，因此被称为微波激射（即受激辐射微波放大）。

几年以后才有了真正的激光器。这一次，汤斯和阿特·肖洛（Art Schawlow）一同展开研究。他们发表论文，概述了制造激光器的方法，然而却没能成为首个制造者。因为有人出乎意料地抢先了一步。加利福尼亚休斯研究实验室的西奥多·梅曼（Theodore Maiman）用红宝石制造了一台激光器。它里面有一根长几厘米、直径约半厘米的红宝石棒（图 23）。红宝石棒的一端完全反射，另一端部分反射。受到刺激时，光子便沿着红宝石棒的轴线运动。当它们碰到棒子两端的镜面时，就会被反射回来。它们一面在红宝石棒中来回穿梭，一面激发出更多光子，直到光束强大到足以穿透棒子部分反射的表面。这束光就是我们想要得到的激光。红宝石棒上缠有亮度很高的闪光灯管，用来将电子抽运到激发态。

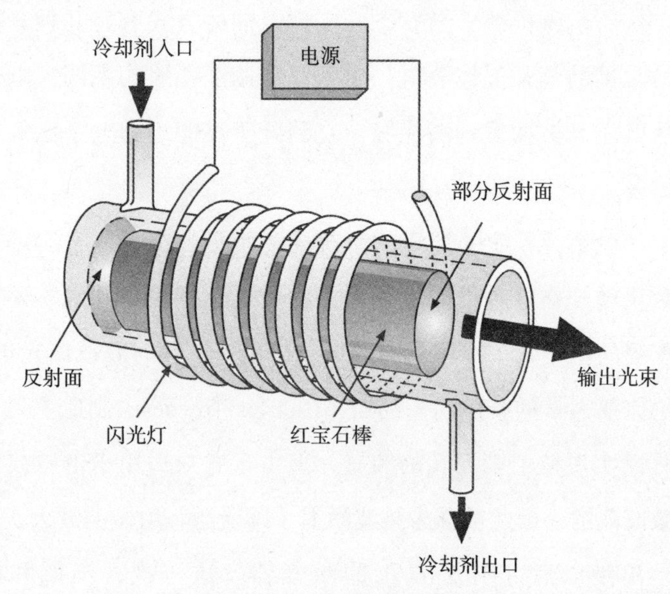

图23　梅曼的红宝石激光器

其他类型的激光器

梅曼的红宝石激光器是世界上第一台激光器，而且这一技术被沿用至今。不过，激光器可不止这一种。现在有许多不同类型的激光器。目前更常用的是一种名为YAG（即钇铝石榴石）的晶体激光器。YAG激光器的功率比红宝石激光器强得多，它甚至能在十几厘米厚的金属上钻孔。

顺便一提，激光器有两种类型：连续激光器和脉冲激光器。一般来说，脉冲激光器的威力更强，而连续激光器的应用更广泛，尤其在医学相关领域。

在梅曼开发红宝石激光器期间，汤斯和肖洛正在研究气体激光器，也就是以气体作为工作物质的激光器。很快，肖洛在实验室里造出了一台，之后又做了好几台。如今，气体激光器非常普遍。我做演示实验时用的就是氦氖激光器，里面大约90%是氖气，10%是氦气。在射频放电的条件下，气体混合物中氦的电子从基态被抽运到激发态。

有的气体激光器使用的是稀有气体氩或者氪。氩激光器的功率很强，常常用于工业生产。还有的激光器会用到氩和氪的混合气体。不过，功率最强的激光器要数二氧化碳激光器。虽然影片中没有提及，但我认为金手指用的就是这种激光器（至少理论上是可行的）。二氧化碳激光器可以产生数十万瓦的连续功率，被广泛应用于工业和军事领域。

目前，还有一类占据了大部分市场的激光器——半导体激光器。半导体是介于导体和绝缘体之间的材料。它分为n型和p型两种类型：n型半导体中有过量的电子，p型半导体中缺少电子，换句话说，它有过量的“空穴”。半导体激光器的核心发光部分是p-n结。借助适当的激励方式，p-n结附近能够产生大量的电子和空穴。当一个电子与一个空穴复合时，就会发出一个光子。如果有足够多的电子和空穴复合，那么就会在p-n结区域产生大量的光——连续的激光。和红宝石激光器一样，半导体的两端也装有用于增强光束的镜面。

半导体激光器的优点很多：耗电少，成本低，易生产。而且，人们还可以根据需求将它做得足够小——比如盐粒那么大。在《007外传之巡弋飞弹》中，邦德手表里的激光器无疑就属于这种类型。

液体也可以用来产生激光。这类激光器的工作物质是有机染料。它们可以发出高功率的激光，但是造价很高。最后，我们再来看两种军方非常感兴趣的激光器——自由电子激光器和X射线激光器。自由电子激光器由电子加速器和大型磁铁（用于改变光束方向）组成，因此它无法被制作成手持式激光器。它的工作原理是将电子束转变为激光束，然而实现起来并不容易，军方已经在这方面展开大量工作。同样备受军方青睐的还有X射线激光器，它具备击落导弹和卫星的潜能。但是，人们在生产这类激光器时遇到了瓶颈，目前为止只建造了实验模型。

激光的用途

在邦德电影中，我们已经看到激光的一部分应用。它可以用来切割金属，也能作为强大的武器，不过激光的用途远不止于此。事实上，它的应用范围极其广泛。目前，它被普遍用于医学领域。例如，外科医生用激光来修复脱落的视网膜，消灭肿瘤，恢复破裂的血管，疏通动脉，祛除皮肤病变，切除出血的溃疡，祛除胎记和文身等。

在通信领域，激光同样也很重要。激光非常适合远距离传输。光的频率比无线电波高得多，因此，激光可以携带更多的信息。如今，激光器常常和光纤结合在一起使用。这种透明的玻璃状材料可以被拉成像铜丝一样的“线”。携带信号的激光就在这样的光纤中进行传输。

此外，超市的收银员会用激光器来读取商品的条形码。激光还可以用来读取CD光盘，检测大气的污染情况，在天文馆里进行激光表演。不过，我们真正感兴趣的是，邦德电影中的激光器是否真实存在。例如，《007之太空城》中有一种手持式激光枪；《007之金刚钻》里出现过能发射高能激光的卫星，它炸掉了一艘潜水艇和一枚导弹。我们先来看看手持式激光枪。关于它有不少值得讨论的问题。首先，这种大小的激光器效率不会太高。它产生的能量大都以热量的形式散失了。其次，小型激光器（比如这种手持式激光枪）的威力目前来说根本比不上子弹。子弹能造成伤害是因为它具有动量，而激光没有多少动量。没错，它确实能烧出小洞。但是，在人体上烧出一个洞大约需要50000焦耳的能量。最后，制造具有如此大能量输出的手持枪绝非易事。大型激光器兴许还有可能做得到，但是它们太重，我们根本举不起来。

如果有朝一日，人们真的造出了这样的激光枪，那么它的确具备子弹所没有的优势。激光是以光速移动的，因此它比子弹快得多。而且，激光枪几乎不需要“燃料”，在“重新装弹”前，我们可以使用很长时间。

那么，《007之金刚钻》和《007之择日而亡》里那种发射激光的卫星可能实现吗？正如前面所说，激光可以在太空中远距离传播，而且不会严重分散，因此它是一种理想的武器。星球大战计划或战略防御倡议（SDI）的目标之一就是在卫星上安装激光器，以便击落来袭的导弹。就这一点来说，X射线激光器确实具有战略价值。星球大战计划的许多相关工作都是保密的，但是众所周知，这一计划的目标尚未实现。因此，我们可能还要再花上几年时间，才能造出电影里的卫星激光器。

看得见摸不着：全息图

说到激光，就不得不提及和它关系密切的全息图。如果你从来没有见过全息图，那么一定要去体验一下（科学博物馆里经常能看到）。全息图的确非常神奇。它看起来就像实物一样逼真，可是当我们伸手触碰时，手指会直接穿过图像。全息图呈现出的立体感确实令人叹为观止。

在《007之黑日危机》中，军情六处的莫莉·沃姆弗拉什博士用全息图向邦德展示了子弹在雷纳德（反派）大脑中的移动过程，它会逐一扼杀他的感官，却要经过很久才能让他丧命。他的颅骨全息图的确很奇特。令我感到意外的是，这是邦德电影中第一次出现全息图。

什么是全息图？它看起来十分逼真，却只是一个三维图像。想要弄清楚它的原理，我们必须回到光的性质上。正如前面所说，光的性质包括波长、频率、振幅和相位。当影像进入人眼时，我们会在大脑解读它们的过程中感受每一个画面。顺便提一下，我们所看到的影像是由物体反射的光形成的。

全息图准确展现了物体的三维形态。可能你要说，那不就跟照片一样吗？当然不是。首先，照片是二维图像。简单来说，当影像中的光线发生改变时，照片只能体现出光的强弱变化，却无法记录相位信息，因此它不是三维图像，尤其是它不能如实显示我们看到的东西。人的双眼之间有几厘米的间距，因此我们其实是从两个视角来观察同一个物体的。也就是说，我们的眼睛会产生视差。你可以试着将手指放在眼前，然后通过左右眼交替闭眼来感受一下。注意手指相对于背景的位置变化，这就是视差。

全息图则同时包含波前[①]的强度和相位信息。1948年，丹

---

① 波前是指波在介质中传播时，某时刻刚刚开始位移的质点构成的面。

尼斯·加博尔（Dennis Gabor）发明了全息技术，但是却没能真正制作出全息图。原因在于他没有相干光源，换句话说就是没有激光。很快你就会知道，大多数全息图都要用到激光器。

制作全息图需要两个步骤。图24所示就是这一装置的基本结构。首先，我们要利用分光器将激光分成两束，分别是物光和参考光。物光用于照射物体，经过物体反射的光则射向照相底片。从另一个方向发出的参考光则直接射向照相底片。这两束光所经过的距离必须相同。当它们共同叠加在底片上时，并不会如你所愿出现物体的图像，而是形成干涉图样（图24）。

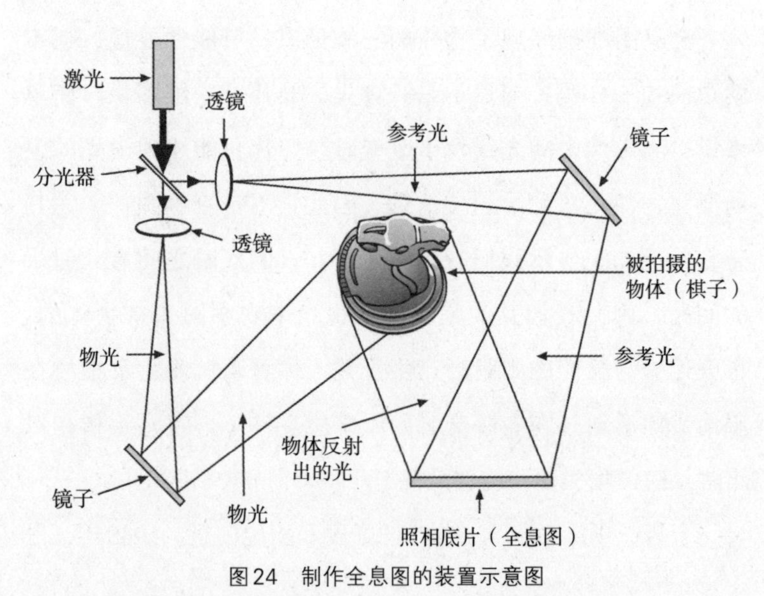

图24　制作全息图的装置示意图

让我们花点时间来看看这种干涉图样是如何形成的。假设两个完全同相位的波相互叠加，它们会相互增强，光的强度也会增加；如果这两个波的相位相差180度，那么它们会相互抵消，光也就不存在了；如果这两个波的相位差介于二者之间，那么光的强度只会部分增加。回到上文的例子中，如果我们将一束激光分成两束，再将它们叠加在一起，就会得到一个干涉图样——一系列明暗相间的线。

用这套装置拍摄的全息照片看上去与实物大相径庭，但它包含了创建三维图像所必需的全部信息。为了得到全息图，我们还要用一束与参考光传输方向完全相同的激光来照射全息照片（也就是显影后的底片），在照片的另一侧就会生成全息图。

实际上，全息图有两种类型：透射型和反射型。上面介绍的这种属于透射型。如果参考光和物光分别从照相底片的两侧进行照射，就会得到反射型全息照片。在这种情况下，我们可以用普通白光来照射它，此时全息图会出现在光的同一侧。

关于激光和全息图我就讲这么多。希望这些知识能帮助你更好地理解邦德电影中的激光器，至少让你对它的威力、用途和局限性有一定了解。

第004章　了不起的技术装备

邦德在电影中用过很多神奇的装备。第一个“神奇装备”是在《007之雷霆谷》中登场的。大部分人可能以为它是一架微型直升机，但它其实是一个自转旋翼机，和直升机略有区别。它名叫“小内莉”，和邦德其他交通工具一样，它也配有精良的武器。同样神奇的还有《007之八爪女》中的迷你喷气机Acrostar，它是当时世界上最小的喷气机。

另一个新奇装备——至少在当时看来——就是气垫船，这是一种可以在压缩空气层上移动的船。在《007之霹雳弹》中，反派拉尔戈的“迪斯科·沃兰特号”就是一艘气垫船，在《007之择日而亡》中也出现过一艘气垫船。与拍摄《007之霹雳弹》的20世纪60年代相比，如今气垫船十分常见，但依然极具吸引力。

邦德电影中还出现过很多其他有趣的装置，相信每位铁杆影迷都对它们耳熟能详（大部分影迷应该还能说出它们的用途）。其中之一就是《007之金枪人》中的太阳能装置“苏里斯转化器”。它可以将太阳光转化为电能，而且效率高达95%。当然，要是真有这样的装置就好了，我们的能源问题就迎刃而解了。

有几部邦德电影中还提到过雷达。《007之明日帝国》中有一艘神奇的隐形船，船上不但配备各种武器，而且还不受雷达的影响。在《007之太空城》中，德拉克斯的空间站同样也能躲避雷达的监测。对于喜欢超速行驶又总想避开雷达测速的读者，不妨读一读关于雷达的这部分内容。不过，我可不敢打保票这能帮你躲掉罚单。

在《007之黑日危机》中，邦德戴过一副神奇的X射线眼镜。戴上它就可以透过人们的衣服，检查他们身上有没有携带武器。这样的眼镜真有可能存在吗？如果你相信杂志上的这类广告，那么很可能会对此信以为真。在《007之生死关头》中，邦德有一块特殊的手表：它拥有超强的磁场，能让子弹拐弯。对此我只能表示惊叹。不过，他为什么不在每部电影中都戴着它呢？明明他总是在躲子弹。

在《007之黄金眼》和《007之雷霆杀机》中，强烈的电磁脉冲能在不伤人的情况下，让所有电气和电子设备失灵。这种可怕的事情真的会发生吗？答案是肯定的，我们很快就会讲到。

神通广大的“小内莉”

在《007之雷霆谷》中，邦德决定仔细调查日本海上的一座岛屿。他要求Q带上他需要的“东西”立即赶赴日本。这个东西就是“小内莉”，Q将它分解后装在四个行李箱里，然后在田中的车库里将它组装起来。一如既往地，他对邦德提出了严格的要求——不许损坏它。以“小内莉”配备的武器来看，这个要求似乎并不过分。

邦德驾驶“小内莉”环视了整座小岛，并没有发现什么异常——至少一开始是这样。岛上有一座火山，看上去没有可疑之处。失望之余，邦德决定离开，但紧接着他就卷入了一场战斗当中——四架黑色直升机向他袭来。

局势对邦德来说不大乐观——他驾驶的自转旋翼机只有直升机几分之一的大小，除了机上配备的各种武器，他几乎没有任何防御装备。最终，他成功将四架敌机全部击落。邦德也因此确信岛上藏有不可告人的秘密。后来证明果真如此。

小内莉是一架型号为WA-116的自转旋翼机，它有一个二冲程活塞式发动机。它的最高速度可达209千米/时，0到154千米/时的加速时间为12.5秒。它配备了两把机枪、两个火箭筒（各有七枚火箭弹）、两个热追踪导弹、两个火焰喷枪和两个烟雾喷射器。Q准备了这么多武器，是不是早就料到会发生些什么呢?

自转旋翼机的结构比直升机简单，因此它出现得也更早一些。自转旋翼机看起来就像一架带有巨大旋翼螺旋桨的飞机，但是和直升机不同，它的旋翼螺旋桨不是由发动机驱动的，而是由其周围的空气动力来驱动的。和飞机一样，自转旋翼机也有一个推动自身前进的普通螺旋桨。它能驱动顶部的巨大旋翼，一旦旋翼转动起来，就可以将自转旋翼机抬离地面。自转旋翼机无法像直升机那样悬停，而且起飞时还需要短距离的助跑。小内莉的助跑距离大约为22米，和普通飞机相比算是非常短了。

为了搞清楚自转旋翼机和直升机的区别，我们先简单了解一下直升机。其实，它也是邦德电影里的常客。它最早出现在《007之俄罗斯之恋》中。在影片快结束的时候，邦德和塔季扬娜遭到一架直升机的围追堵截。在《007之金手指》中，反派金手指乘坐普西·葛罗尔驾驶的直升机抵达诺克斯堡。在《007之霹雳弹》中，邦德和莱特驾驶直升机去寻找一架携带核弹的失事轰炸机。当然，还有好几部邦德电影也用到了直升机，我们就不一一列举了。

那么，直升机和自转旋翼机有什么区别呢？首先，直升机上方的主旋翼是由发动机驱动的，而自转旋翼机则不是。其次，和自转旋翼机相比，直升机的桨叶及其相连的机械装置更加复杂。直升机的桨叶乍看起来是平的，可是仔细观察你就会发现并非如此。实际上，它的形状和飞机机翼类似，而且它们的原理也是一样的：桨叶下方的压强大于上方的压强，于是将飞机抬离地面。我们可以用1738年丹尼尔·伯努利（Daniel Bernoulli）提出的一个定理来进行解释。

伯努利证明，随着流体速度的增加，它的压强就会减小。伯努利定理用数学公式可以写作

$$p + \rho v^2/2 = 常数$$

其中，p是空气压强，ρ是密度，v是速度。从公式中我们可以看出，压强和速度的总和是一个常数（我们暂且忽略密度）。也就是说，如果速度增加，压强就会降低。图25所示的装置叫作文丘里管，它能直观地演示出这一效应。当水流经过管子的收缩处时，速度就会加快，从压力表可以看到，此处的压强降低了。同样地，当空气流经飞机机翼或者直升机桨叶上方时，机翼或桨叶的上凸会使得空气通过的速度加快，因

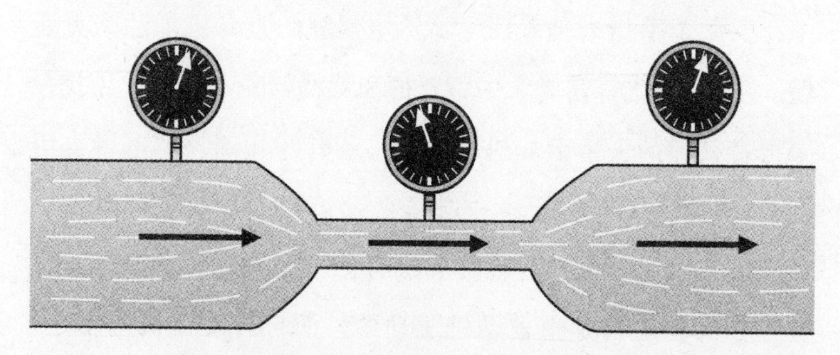

图25　水流经过管子的收缩处，压力表显示压强变化

此会让上方的压强更小（图26）。也就是说，当直升机的桨叶开始旋转时，就会产生向上的升力；如果升力超过直升机自身重力，直升机就会升离地面。

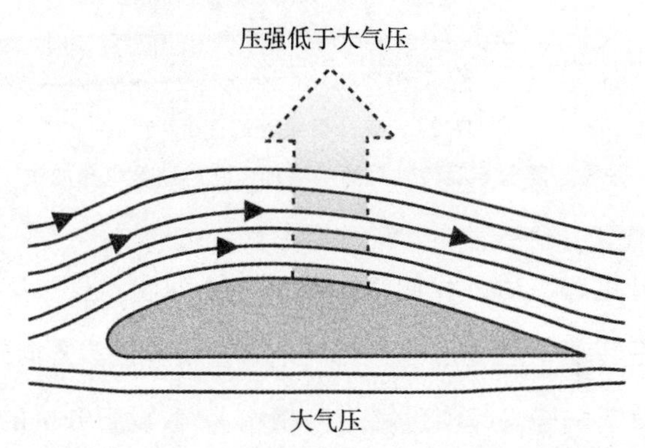

图26　机翼上下翼面的压强差产生了向上的升力

事实证明，存在几个影响直升机稳定性的因素。首先，旋翼外侧的速度比内侧的要快得多。这一点可以通过下面的公式看出

$$v = \omega r$$

其中，v是速度，ω是角速度，r是与旋转轴的距离。在不考虑单位的情况下（单位有点复杂），我们假设角速度为10，利用公式可以算出速度$v = 10r$。代入具体数字后可以看出，当$r = 2$时，$v = 20$；当$r = 3$时，$v = 30$，以此类推。很明显，桨叶尖端处的速度比旋转轴附近的速度快。也就是说，桨叶外侧区域产生的升力比内侧要大得多。因此，我们必须抵消这种不均衡的力，办法就是将桨叶略微扭转一些。这样一来，

桨叶外侧的受力面减小，它受到的升力就会变少（图27）。

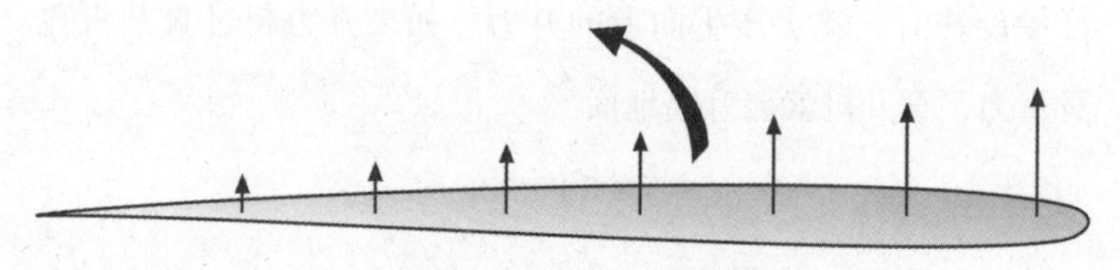

图27　直升机桨叶的速度

注意，随着与旋转轴距离的增加，它的速度也会加快

直升机起飞后，我们将面临另一个问题。虽然桨叶以恒定的速率转动，但是相对于空气，当它朝着机头方向转动时，速度会更快一些（与朝机尾方向相比）。假设直升机的速度为150千米/时。对于桨叶来说，它在旋转时会产生一个线速度，而且很容易就可以计算出来。假设这个速度是80千米/时。当桨叶向前转动时（朝直升机移动的方向），我们需要对它叠加直升机的速度。也就是说，相对于空气，桨叶实际上是以230千米/时的速度在运动。当桨叶向后转动时，它相对于空气的速度就是150减去80，即70千米/时。由此可见，当桨叶朝飞机运动方向转动时，它会产生更大的升力，这就会导致机身倾斜。那么，我们应该如何解决这个问题呢？仔细观察飞机旋转轴附近旋翼的连接处，你会发现那里有一个容许桨叶“挥舞”的装置。简单来说，它会让桨叶在向前转动时发生倾斜，这样一来，撞击桨叶的空气就会减少（与向后转动时相比），如图28，这就叫作“桨叶挥舞”。

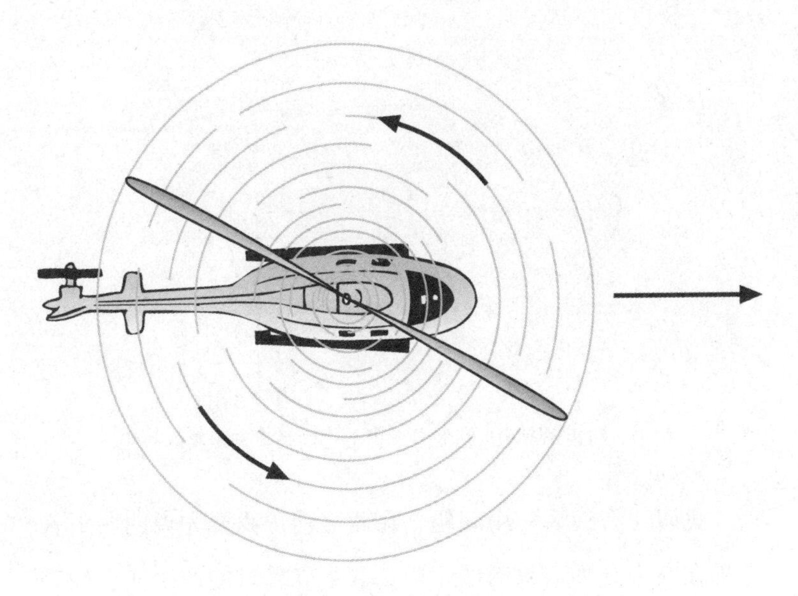

图28　注意，桨叶向前转动时速度更快

接下来这个问题涉及扭矩。扭矩的数学表达式为

$$\tau = Fd$$

其中，τ是扭矩，F是力，d是力的作用线到转动轴（或固定点）的垂直距离（图29）。旋转的桨叶会产生力的作用，因此就会形成扭矩。牛顿第三定律告诉我们，每一个作用力都有相等的反作用力。所以，桨叶的旋转会导致直升机朝着和它相反的方向旋转。有两种办法可以抵消这种作用：第一种就是在机尾安装一个小型尾桨，用来平衡主旋翼产生的扭矩；第二种就是给直升机装上两个旋翼，一个顺时针旋转，一个逆时针旋转。

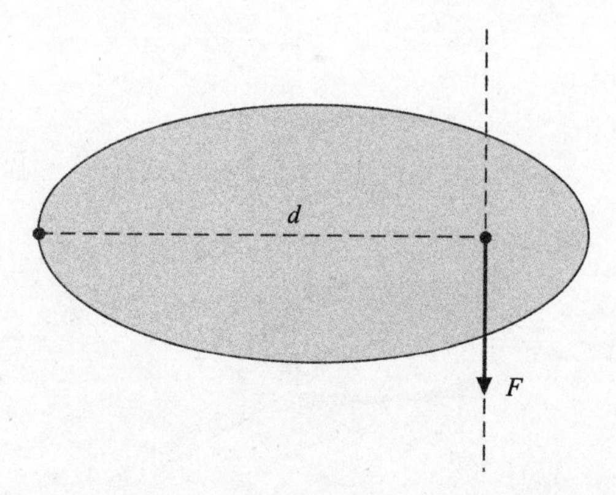

图29　扭矩示意图。扭矩等于力与它到轴垂直距离的乘积

我们还有最后一个问题。在此之前，我要先说明一下直升机在空中是如何移动的。毕竟，主旋翼只能产生向上的升力。基本上，我们需要倾斜机身才能让旋翼上的一部分推力作用于前进的方向。但是，这样做会导致陀螺进动效应①。众所周知，当我们向旋转物体施加力的作用时，反作用力不会出现在施力的位置，而是在施力点沿顺时针旋转90度的方向上。因此，这一点也必须被考虑进去。

世界上最小的喷气机

在《007之八爪女》中，美国一台绝密军事设备落入古巴

① 陀螺在高速旋转时，一方面绕自己的对称轴自旋，一方面又绕竖直轴以较小的角速度公转。

人手中，邦德被派去摧毁它。这台设备就藏在古巴一处空军基地里。邦德伪装成古巴军官混进基地，但是没多久就被识破了，很快他被抓了起来。古巴人驾驶军用卡车押送他前往监狱，这时，性感的中情局特工比安卡开车前来帮忙。她拉着一辆运马的拖车，里面装的是伪装成马的Acrostar——一架迷你喷气机（图30），成功分散了古巴司机的注意力，帮助邦德摆脱守卫。然后，邦德开着迷你喷气机逃走了。古巴人立刻朝他发射了一枚热追踪导弹，一时之间他无处可逃。最终，他决定铤而走险，于是朝存放秘密军事设备的机库飞去。他驾驶Acrostar穿过机库大门，守卫试图在他出去之前关闭后门，但是Acrostar的速度很快，它及时飞出机库，而跟在它后面的导弹却在机库里爆炸了，需要邦德销毁的那台设备也随之炸成了碎片。任务完成！

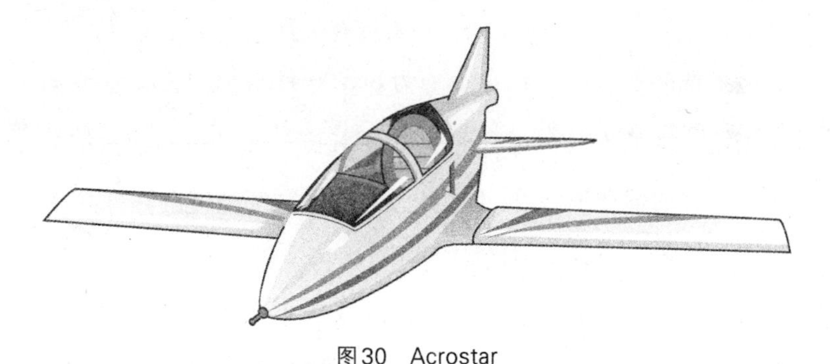

图30　Acrostar

Acrostar是当时世界上最小的喷气机。它由一台TRS-18微型涡轮喷气式发动机提供动力，最大俯冲速度可达563千米

/时，而且灵活性惊人。它的起飞助跑距离为549米，而落地后的滑行距离不到244米。它身长3.7米，翼展长4米。在影片中，邦德在燃料耗尽的情况下，依旧成功着陆。他开着飞机来到加油站的加油机旁边，对工作人员说："请加满油。"

喷气式发动机的工作原理就是牛顿第三定律。最简单的理解办法就是给一个气球吹满气，然后松手让它自己飞走。不用说，气球会在空中不断旋转翻飞，而且朝着与排气相反的方向移动。

1930年，英国皇家空军中尉弗兰克·惠特尔（Frank Whittle）设计了第一台喷气式发动机。不过，直到1937年它才进入测试阶段，1941年才正式飞行。大约同一时间，德国物理学家汉斯·冯·奥安（Hans von Ohain）也着手类似的研究，但是直到战争结束后，他的设计才被真正投入生产。很快，通用电气和普拉特·惠特尼集团公司就拥有了真正的喷气式发动机。

常见的喷气式发动机主要有以下几种类型。首先是涡轮喷气发动机（图31）。理论上讲，涡轮喷气发动机的结构相对简单。它的前部有一个进气口，进来的空气经过旋转叶片的压缩，体积减小，这时的空气压强是它最初的30到40倍。压强增加使得空气温度上升至1000摄氏度以上。接着，一部分这样的空气和燃料一起进入燃烧室，燃料在高温下汽化，与空气混合后燃烧，使得气体温度急剧攀升，从燃烧室出来的气体温度大约为1649摄氏度。

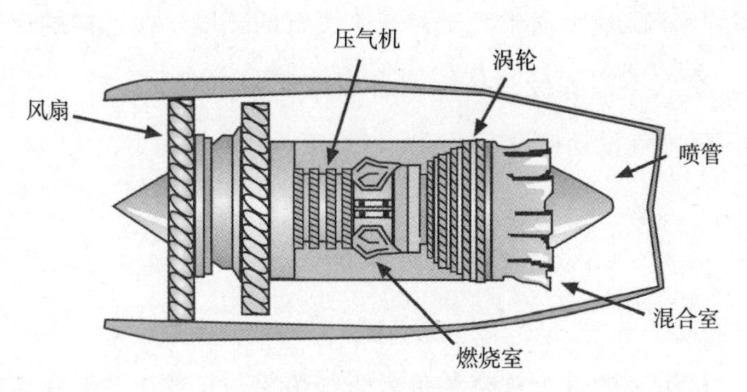

图31　涡轮喷气发动机的结构

其中一部分气体推动涡轮的叶片转动，为压气机提供动力。剩下的气体则通过喷管喷出，用来产生反作用力，推动涡轮（和飞机）前进。很多时候，涡轮的后面还有一个混合室，方便高温空气与没有经过燃烧室、温度较低的空气相混合。此外，在涡轮喷气发动机的后部，通常还有一个加力燃烧室。燃料被喷入加力燃烧室，与里面的气体发生反应，来产生额外的推力。最后，发动机的前部还有一个风扇。

如果我们给喷气发动机的主轴上安装一个螺旋桨，它就变成涡轮螺旋桨发动机。后方的涡轮带动螺旋桨转动，而螺旋桨又会推动（或者一定程度上推动）飞机前进。一些体形较小的客机和运输机往往采用涡轮螺旋桨发动机，它最适合速度低于805千米/时的飞行器。

冲压式喷气发动机是简化版的涡轮喷气发动机，它常见于导向飞弹和航天器中。它没有运动机件，无法独立工作，只适用于高速（通常大于声速）飞行的环境。在这样的速度下，空气不需要经过压缩或者加热就会冲进发动机。因此，冲压式喷气发动机没有涡轮和燃烧室。

气垫船

接下来的这个神奇装备名叫气垫船，它曾在两部邦德电影中出现过。它的首次亮相是在《007之霹雳弹》里。拉尔戈的游艇“迪斯科·沃兰特号”里就有一艘气垫船。这艘游艇的前部是一个带有12缸发动机（1200马力）[①]的气垫船；后部是一个可分离的茧壳，上面配备了几架重型武器。和海军部队进行水下交战后，拉尔戈抛弃了游艇的外茧，开着气垫船拼命逃跑。但是，邦德牢牢抓住其中一个水翼艇，最后偷偷潜进了气垫船的主舱室。他与拉尔戈展开搏斗，并战胜了对手。

《007之择日而亡》中也用到了气垫船。在影片开头，邦德驾驶气垫船在朝韩边境的雷区里被敌人穷追猛赶。整场追逐戏扣人心弦，精彩的动作场面层出不穷，但邦德最终还是被俘，并被关押在朝鲜监狱里长达数月。

气垫船主要有三个组成部分：基本平台、电动风机和挡板（图32）。平台和地面（或水面）之间形成腔室；风机用于

① 大约相当于895千瓦。

快速抽入大量空气并将其送进腔室；挡板可以阻止空气逸出。进入腔室的空气会形成一个循环流动的空气环，同样有助于防止漏气。这个腔室叫作“充气室”（英文为plenum，源自拉丁语“充满”一词）。充气室内的气压高于外围空气，因此它能将平台抬升起来。当向上的抬升力等于向下的船身重力时，船就可以“悬浮”在地面上。

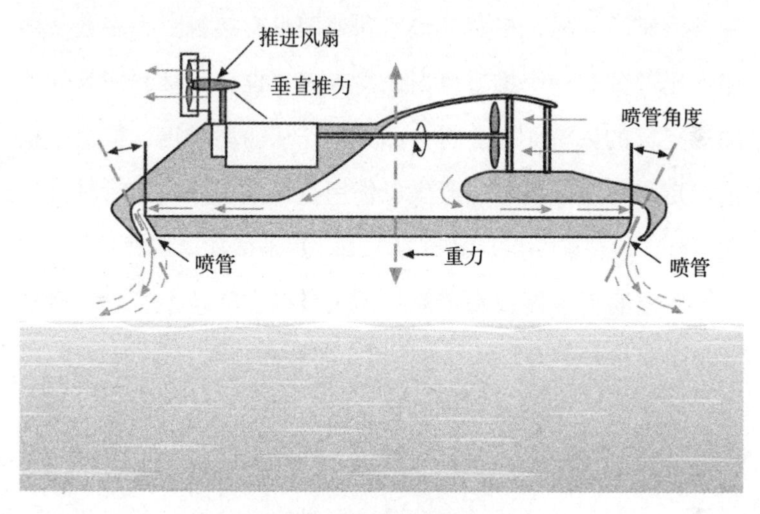

图32　气垫船的结构

压强是单位面积所受的力，即

$$P = F/A$$

其中，P是压强，F是作用力，A是面积。假设一艘气垫船的重量为1500千克力[①]（包括上面的乘客），它的长为6米，宽为

① 千克力为力的一种常用单位，1千克力 = 9.8牛顿。

3米，面积是18平方米。如果要使气垫船悬浮于地面，那么下方的“气垫”就必须向上施加一个14700牛的力。此时，空气压强必须达到

$$P = 14700/18 = 817 牛/米^2$$

这样的压强不算很大。

当然，说到底我们还是要驾驶气垫船前进，不过这显然和开汽车不一样，毕竟气垫船和地面没有接触。大多数气垫船的尾部都有一个推进风扇，但有时它也会直接利用为气垫输送空气的风机。它会将一部分空气从船尾排出，根据牛顿第三定律，这样就可以产生反作用力，推动船向前行驶。除此以外，气垫船一般还装有方向舵，用来增加稳定性。

气垫船不但能在水中航行，还可以在陆地上行驶，但是要求路面相对平坦，因为它连很小的坡都爬不上去。

气垫船的一个明显优势是它与地面之间没有摩擦，相当于踩着一个空气垫子运动。

来自太阳的能源……还是免费的！

在《007之金枪人》中，反派弗兰西斯科·斯卡拉孟加有一台名叫“苏里斯转化器”的装置，能将太阳能转化为电能，而且效率高达95%。它甚至远远超出如今的科技水平。斯卡拉孟加利用苏里斯转化器为他的藏身地——泰国普吉岛附近

的一座小岛——提供电力。他的太阳能装置能够产生大量电能，但是影片并没有交代他打算用这些能源做什么。除了为小岛供电，显然还剩余大量能源。他还有一枚巨大的“太阳能炮”，他用它炸毁了邦德的水上飞机。一般来说，这类能量应该被储存在大容量的蓄电池里，但是斯卡拉孟加却用低温大桶来储存能量，更奇怪的是，他只派了一名技术员看管它。

在《007之择日而亡》中，轨道卫星“伊卡洛斯”也用到了太阳能装置。它有一面太阳能反射镜，能将光线整理聚焦。反派利用它向朝鲜的非军事区域发射了激光一般的太阳光，引爆了数千枚地雷，还烧毁了大量树木，杀死了野生动物。这台装置基于钻石的反射技术，能将黑夜照得像白昼一样明亮，还能将太阳光转变为具有破坏性的高能光束。

太阳持续不断地释放着巨大的能量。以地球的标准来看，这些能量大得令人难以置信，而我们只利用了其中很少的一部分。地球接收到的阳光中99%会变成热量，被重新反射回太空。只要我们能将这其中一小部分收集转化为可用能源（例如电能），就可以满足地球上一切能源需求。太阳是一种“取之不尽，用之不竭”的能源——与化石燃料不同，它永远不会被耗尽（至少在数百万年内不会）。问题在于我们如何将它有效地转化为电能。

常见的太阳能转化装置是光生伏打电池。1887年，海因里希·赫兹（Heinrich Hertz）和后来担任他助手的德国物理学家菲利普·莱纳德（Philipp Lenard）发现了光伏电池。1902年，莱纳德着手研究一种叫作“光电效应”的现象。他证实，当光照射某些金属时会产生一种“电效应”。也就是说，光使电子从金属表面逸出。1905年，爱因斯坦对这一奇怪现象做出了解释。根据他的说法，光是由粒子（光子）组成的，当它击中金属表面时就会释放出电子。值得注意的是，释放出的电子数量只取决于光的频率，而不像人们所想的那样，与光的强度或亮度有关。这是一个重大突破，后来爱因斯坦也因此获得了诺贝尔奖。

光电池本身不能发电。因为电子从金属中逸出时是杂乱无章的，无法形成电流，所以必须对它施加外电压。在光伏电池中，提供电压的是半导体（半导体是介于绝缘体和金属之间的导电材料）。它能适度地传导电子，只是效果不及某些金属材料（例如铜和银）。半导体有两种类型——n型和p型。n型半导体有多余的负电荷，p型半导体有多余的正电荷。

将n型半导体和p型半导体放在一起时，我们就会得到一个p-n结（图33）。p-n结中能够产生内部电场。当光子击中p-n结表面时，它会释放出电子。如图33所示，如果给p-n结连接一个外部电路，那么电子就会在电场作用下沿着导线流向结的另一端，从而产生电流。不过，单个光伏电池（或太阳能电池）产生的电能相对较少。因此在实际操作中，我们需要将多个太阳能电池连接起来使用。

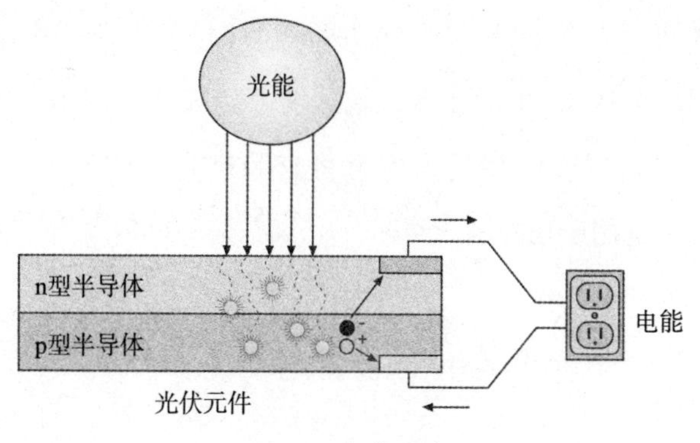

图33　光伏电池

斯卡拉孟加的太阳能电池效率据说高达95%。在实验室环境中，我们实际的转化效率大约只有25%~30%。商用电池的效率通常只有16%左右。近年来，人们一直花大力气来提升转化效率，我们期待未来能有更多高效的电池出现。不过就目前来说，太阳能仍然不是化石燃料的竞争对手，但它在某些领域里具有更高的可行性，其中就包括卫星。1958年，“先锋号”卫星首次使用太阳能电池。从那以后，太阳能电池就成了卫星的标配装备。我们看的大部分电视节目是由卫星传送到世界各地的，而它们都是由太阳能电池供电的。此外，小型计算器和很多儿童玩具用的也是太阳能电池。

正如前面所说，单个光伏（PV）电池的发电量很低，通常只有几瓦（瓦特是功率单位，它等于电流与电压的乘积）。在实际应用中，我们通常将光伏电池连接成太阳能电池板，这样就可以产生60瓦以上的功率和110伏的电压（也就是我们常用的电压）。生活在偏远地区的人们往往会使用太阳能电池板，不过越来越多的人愿意将它装进自己的家里。此外，它也被广泛用于房车。

当心！你被雷达发现了

驾驶员总是担心被“测速雷达”抓到，不得不支付超速罚单。我承认，我不止一次被抓到过。雷达的全称是“无线电探测和测距”（radio detection and ranging）。如今，雷达的应用十分广泛：警察用它来抓超速行驶，航空公司用它来追踪航班轨迹，就连天气预报和军事领域也离不开它。

好几部邦德电影中都出现过雷达。据我所知，尽管邦德一贯爱飙车，却从来没有因为超速被雷达抓到过。不过，如果他总是遵纪守法，那又何来这些惊险刺激的场面呢？我不打算讨论超速拍照的问题，我们唯一感兴趣的是如何避开雷达，或者说如何才能让它“看不见”我们。《007之明日帝国》中的隐形船可以躲避雷达的探测；《007之太空城》中的宇宙飞船也不受雷达的影响。

雷达的原理究竟是什么呢？我们以简单的雷达测速为例来进行说明。警察通常会用“雷达枪”朝车头发射一束电磁波，其中一部分电磁波经过反射被雷达枪接收。雷达枪对这些波进行分析，从而确定车速。首先，它要测出任意时刻与汽车的距离。这并不难，因为电磁波是以光速（300000千米/秒）传播的。由于电磁波经过目标车辆发生反射，因此我们需要将时间除以2，于是便得到雷达枪与汽车之间的距离公式

距离=光速×（电磁波发出并返回的时间/2）

假设雷达枪在发射电磁波5微秒（1微秒=10^{-6}秒）后收到了回波，那么它与目标的距离就是300000×（$5\times10^{-6}/2$）= 0.75千米。几秒钟后，我们再次测量雷达枪与汽车的距离，就可以算出在这段时间里它走了多远，进而确定它的速度。

其实，还有一种更好的测速方法——利用多普勒效应。多普勒效应指的是一种频率（或波长）发生变化的现象，当发射（或反射）波的物体接近或远离观察者时就会产生这种效应。它适用于所有类型的电磁波和声波。如果发射或反射电磁波的物体正在接近我们，那么我们接收到的电磁波频率就会增加。我们说，它的频率朝电磁频谱中波长较短的一端移动，把这种现象称为蓝移；如果它远离我们，那么它的频率就会朝波长较长的一端移动，也称为红移。通过观察物体的频移程度，我们很容易确定它的速度。警方的雷达枪里就有一个计算和分析频移的装置。

不过，我们关注的重点是如何避开雷达探测。办法其实有很多。我们知道，雷达发射的是某种电磁波。电磁波包括

无线电波、微波、红外线、可见光、紫外线、X射线和伽马射线，其中它们大部分都不适用于雷达。雷达波束通常在微波的范围内。

现在，我们来看看如何躲避雷达。首先，并非所有雷达波都会从物体上反射回去，反射率取决于物体表面的吸收特性。因此，我们可以给物体涂上雷达吸波材料。深色表面的反射率往往低于浅色表面，所以，为了躲避雷达，飞机都会选择黑色涂层。其次，不同表面的反射方式也有所不同。我们希望物体表面反射的电磁波尽可能地少。换句话说，希望物体表面能将大部分电磁波散射出去。这样一来，被探测器捕捉到的电磁波就会减少。三角形（或者W形）的表面在这方面表现最好。因此，我们应该尽量将物体表面制成三角形。此外，我们还可以主动发出信号，干扰反射回去的电磁波。这种做法同样有效。

最后，我还要提到一个参数：雷达散射截面积（RCS）。例如，一只鸟的RCS大约为0.01平方米；B-2轰炸机的RCS为0.75平方米，这个数值非常小，因此它很难被常规雷达发现。F-22战斗机的RCS大约为0.01平方米。

我不知道埃利奥特·卡佛隐形船的RCS是多少，不过我猜它应该很小，可能还没有潜水艇的潜望镜大。另外，隐形船的船体是由黑色石墨制成的，而且它的形状也适合避开雷达。

X射线眼镜：有可能存在吗?

在《007之黑日危机》中，邦德戴着X射线眼镜在祖科夫斯基的赌场里检查谁身上带了枪。这副眼镜甚至可以透视衣服。我们在杂志上偶尔也会看到这类“X射线眼镜”的广告。那么，它真的有可能存在吗?

和可见光一样，X射线也是电磁波谱的一部分。它的波长比可见光短得多（频率更高），因此它携带的能量更大。人眼只对可见光敏感，所以无法直接看到X射线。X射线是德国科学家威廉·伦琴（Wilhelm Roentgen）在1895年发现的。他在做真空管实验时意外找到它，于是马上用它为妻子的手拍了一张照片。令他惊讶的是，这张照片清楚地拍出了她手部的骨骼和戒指，但是却看不到手上的皮肤和肌肉。伦琴将它命名为X射线，因为他不知道它到底是什么。

前面我已经说过，人眼对X射线不敏感。那么怎样才能看到它呢?我们无法直接看到它，但是可以看见产生X射线的设备和捕捉它的荧光板。换句话说，我们可以看到用X射线拍摄的照片，也就是X光片。在照片上，X射线无法穿透的部分会显示为“阴影”。它不能穿透骨头和金属，因此可以为我们展示身体里的骨骼。

说回X射线眼镜。首先，它必须能够通过某种方式产生X射线。一般来说，我们用X光机让高速运动的电子突然受阻来产生X射线。因此，X射线眼镜必须配备能让电子加速并突然停下的装置。然而眼镜的大小是有限的，它无法承载如此复杂的结构。就算眼镜能够产生X射线，我们也不可能直接看到它。我说这些就是想让你明白，X射线眼镜并不存在。等你下次再看到这类广告时，就不会花冤枉钱了。也许你会说："可我见过这种眼镜拍出来的照片！"确实存在一种能看到红外线的眼镜，它之所以让我们产生透视的错觉，是因为有些布料可以被红外线穿透，而我们的身体却不行。

让子弹拐弯的磁场

在《007之生死关头》中，邦德戴过一块很有意思的手表。它能产生"超级强力磁场"，足以让"远距离"的子弹发生偏转。可是，邦德并没有用它来改变子弹方向，我也不明白这是为什么……明明他总是被卷进枪战里。不过，他倒是用这块手表把M咖啡碟上的勺子吸了过来，后来还用它拉开了一位女子的衣服拉链。奇怪的是，如果这块手表的磁场真的能让子弹拐弯，那么它为什么没有把附近别的金属物品吸引过来？看来它有自己奇怪的偏好。如果它真能偏转子弹，为什么邦德在其他电影里从来没用过它？

那么，一块手表是否真有可能产生强力磁场让子弹改变方向呢？在回答这个问题之前，我们先来了解一下磁场。磁场是由磁铁产生的。这个磁铁既可以是永久性磁铁，也可以是电磁铁（即通过带电线圈来产生磁场）。磁场和引力场在很多方面都非常相似，只不过磁场吸引的是某些金属材料，而不是大质量的物体。磁场强度也会随着距离的增加而减弱。具体说来，它与距离的平方成反比。也就是说，当距离增加一倍时，磁场强度会减小到原来的四分之一。

我们通常用高斯来衡量磁场的强度。一块小型手持式磁铁的磁场约为100高斯；实验室的强力磁铁有可能超过100000高斯。

磁铁有两个磁极：南极和北极。如果将一块磁铁切成两半，那么每一半都会同时拥有南极和北极。事实上，无论我们怎样切割、切割多少次，都无法将某个磁极单独分离出来。我们知道，相同的磁极相互排斥，不同的磁极相互吸引。那么，对于磁场中的粒子或者微小物体来说，情况又如何呢？它们会被吸引还是被排斥？如果粒子带电，那么它的确会受到磁场的影响。如图34所示，假设它以垂直于磁感线的方向飞入磁场，会受到一个力，这个力的大小可以表示为

$$F = qvB$$

其中，q是粒子的带电量，v是粒子速度，B是磁感应强度。

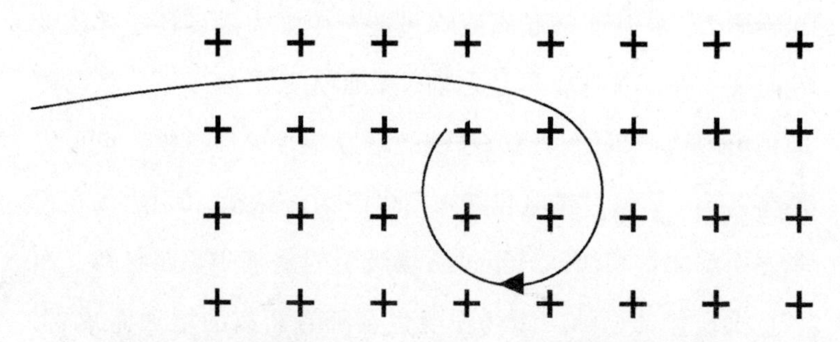

图34　磁场中的带电粒子。请注意，它的运动轨迹是一个圆

这个力会推动粒子朝垂直于磁场方向做圆周运动。它对正负电荷的作用是相同的，唯一的区别在于，正负电荷会以相反的方向做圆周运动。

但是子弹不带电，而且比一个带电粒子重得多。那么，磁场对子弹会产生什么影响呢？没错，磁铁可以吸引某些金属材料，但这是否表示它就能吸引子弹呢？我们知道，磁铁可以吸铁，但它其实能吸引好几种金属，包括铁、钴、镍和钆，这些都是具有铁磁性的材料。仔细观察它们的结构你就会发现，它们是由数百万个微小的磁体组成的，我们将这些磁体称为磁畴。通常情况下，磁畴的磁化方向各不相同。换句话说，它们南北极所指的方向是随意的 。但是，如果对磁畴施加一个外部磁场，它们的磁化方向就会趋于一致，并且形成自己的磁场。事实上，它们将一直保持一致的磁化方向，这样就会受到外部磁场的吸引。

设备中最常用到的就是电磁铁。我们来简单看看它的工作原理。众所周知，电流会产生磁场。如果我们将导线缠在铁磁性材料（例如铁）上，那么在通电时，线圈就会产生磁场（即使没有铁磁性材料，它也会形成磁场）。这个磁场会让铁磁性材料中磁畴的磁化方向趋于一致，从而增强磁场的磁性。邦德手表产生的磁场应该就属于这一种。

了解这些信息后，我们再来分析邦德手表的磁场。首先，手表实在太小，无法产生很强的磁场。目前，大多数强力电磁铁采用的都是高温超导体或者液氦冷却系统，而这些技术很难被集成到手表里。其次，子弹不带电，因此它不会在磁场中发生偏转。退一万步讲，即使它带电，以它的体积和重量来看，磁场对它的影响基本可以忽略不计。最后，子弹的主要成分一般是铅，这种材料不会受到磁场的作用。没错，有些子弹的外壳是钢制的，但它们的动量太大，即使在超强的磁场中也不会发生偏转。另外，“远距离”这种说法也有问题，因为磁场强度会随着距离的增加而迅速减弱。

电磁脉冲和电子炸弹

我们至少在两部邦德电影中——《007之黄金眼》和《007之雷霆杀机》——见识到了电磁脉冲的破坏力。在“黄金眼”中作为一种新式武器，它能对两颗卫星进行编程，让它们发射电磁脉冲，摧毁一切电气设备，但不会对人造成伤害。然而奇怪的是，在影片中，反派用电磁脉冲袭击俄罗斯的北地前哨，它似乎毁掉了一切，甚至差点杀光所有人，除了两名幸存者。[①]

电磁脉冲（EMP）及其发生装置是军方目前重点关注的对象。美国、俄罗斯和印度等国已经展开了大量工作。电磁脉冲的历史要追溯到1945年。在第一颗原子弹爆炸之前，物理学家恩利克·费米（Enrico Fermi）就已经计算过原子弹爆炸产生电磁脉冲的规模和影响。他只得出了部分结果。直到20世纪60年代初，科学家才意识到这种脉冲的破坏力有多强。在太平洋约翰逊岛的高空核试验中，科学家测出爆炸产生的电磁脉冲对远在1368千米外的夏威夷群岛造成了严重影响——瓦胡岛的路灯和保险丝出现故障，考爱岛的电话服务彻底中断了几个小时。此外，爆炸还重创了322千米外一架飞机上的仪表设备，就连俄罗斯也注意到类似的破坏作用。

当时，人们对电磁脉冲知之甚少。随着近几年物理学的发展，我们现在对它有了更深的了解，至少见识到了它的可怕之处。多年来，我们总是担心原子弹爆炸带来的冲击波、热辐射和核辐射。它们确实具有危险性。不过，前两种只会对爆炸中心附近几千米的地方造成影响，而核辐射会随风传播，扩散到世界各地，有可能带来相当严重的危害（例如癌

① 作者的说法不太准确，基地的工作人员都是被反派的手下克塞尼娅·奥纳托干掉的。

症）。电磁脉冲对人没有直接伤害，因此最初并没有得到人们的重视。

电磁脉冲是怎样产生的呢？核爆炸会释放出大量伽马射线（能量非常高的X射线），它们会产生高速电子，其中一部分电子被地球磁场捕捉。短时间内涌入的大量电子会形成极强的电磁场，当它与电气和电子系统耦合时，就会产生巨大的电流和电压，进而破坏设备。最可怕的是，电磁脉冲的威力很强，以至于任何长条状的金属物体（如电线、栅栏、铁轨、建筑物中的金属横梁等）都可以充当天线，在脉冲通过时产生高电压。

电磁脉冲会摧毁一切电气和电子设备，包括电脑、通信器材、电话、汽车电气系统等。即使它不会危及人的性命，也会使整个社会陷入停滞状态，造成数十亿美元的损失。最可怕的是，单个脉冲就会产生极大的破坏。视野内的一切事物都会受到损害。也就是说，如果在美国中部某州（例如堪萨斯州）上空约400千米处引爆一枚核弹，就能让48个邻州的电力系统和电子设备瘫痪。这简直就是一场灾难。美国国内所有的电气设备都会被摧毁，每条高速公路上的汽车都将无法继续行驶。虽然难以置信，但事实就是如此。另外，让所有设备重新恢复运行也是十分艰巨的任务。

电磁脉冲将会成为了不起的攻击性武器。有了它，我们就可以在不引起伤亡的前提下让敌军丧失战斗力。电磁脉冲会影响弹道导弹的电子设备。因此，我们可以制造电磁脉冲去破坏来袭导弹的电子设备。当然，我们还得小心不要损伤自己的武器，而这一点很难做到。

那么，有没有针对这种脉冲的防御措施呢？答案是肯定的。我们可以将电子系统屏蔽起来，不过这样做的代价很高。目前，很多军事化设备都装有电磁屏蔽，而民用电子产品很难得到保护，因为成本实在太高。

到目前为止，我们谈的都是核爆炸引发的电磁脉冲。然而事实上，不用核弹也能产生这种脉冲。相对容易的办法是制造电子炸弹。其中，最简单的就是磁通量压缩发电机（FCG），它是由铜线缠绕的炸药管。在引爆之前，我们要先给线圈通电，形成磁场。爆炸会引起线路短路，从而压缩磁场，产生电磁脉冲，它的威力不亚于核爆炸中的电磁脉冲。

尽管电子炸弹不会伤人，但是从许多方面来看，它带来的社会危害远远超过了核弹。

第005章　邦德的小道具

“邦德先生游过泳后一定很冷。把他带到温暖的地方去。”德拉克斯说。

大钢牙一面推搡邦德，一面将他带进火箭喷射器正下方的房间。古海德博士已经在里面了。门一打开，她就跑到了他面前。

他们相拥在一起，这时房间的天花板向两侧滑开。德拉克斯出现在他们上方。他嘲弄般地举起手：“再见了。”说完，便转身走向“月帆号”火箭。

邦德迅速环顾房间。他发现了一个通风口，便朝它跑去。他摘下手表，从里面拉出一根导线，将它挂在铁栏杆上。他吩咐古海德退后。紧接着通风口被炸开，爆炸撼动了整个房间。邦德和古海德飞快地跳进炸开的洞，赶在火箭发射前从狭窄的通道逃走了。

邦德的小道具又一次救了他的命。几乎在每部电影中，他都会用到一些神奇的小玩意儿。这些道具设计巧妙，令人惊叹。第一个小道具出现在《007之俄罗斯之恋》中。Q给了邦德一个公文包，里面有一把匕首、50个一镑金币、20发弹药、一把点25口径的AR-7折叠式步枪和一个装有催泪弹的锡罐。不用说，它们都派上了用场。

整部影片中最扣人心弦的部分要数火车上的那场戏了。邦德被反派雷德·格兰特打昏在地。当他恢复意识时，格兰特正坐在他对面，手里举着一把枪。

“红酒配鱼肉，”邦德说，“我早就该料到。”

他试图坐起来。“你是从哪所疯人院里逃出来的？”他问。

格兰特一手举着枪，另一只手狠狠地朝他脸上扇去。“……爬过来……吻我的脚。”他一边说着，一边给枪口拧上了消声器。

邦德小心翼翼地看着他。“能让我最后再抽支烟吗？”他问。

“休想。”格兰特回答。

“我会付钱的，”邦德说，“我公文包里有金币。”

格兰特取下公文包，扔给邦德：“拿给我看。”

邦德打开包，递给他几条装有金币的带子。

格兰特抬起头，注意到另一个公文包。他问里面是否有金币。

“我想应该有，”邦德说，“我来看看。”

格兰特抓过箱子。“我来打开它。”他说。

他慢慢解开锁扣。突然，公文包在他面前爆炸了。邦德冲上前去，两个人扭打在一起。但是，格兰特有一个秘密武器：他的手表里藏着绞颈索，很快他就用它勒住了邦德的脖子。

邦德就在快要晕厥的时候，手够到公文包里的匕首，然后朝格兰特扎了过去，逼得对方不得不松手。最后，邦德抢过绞颈索勒死了他。

小道具再次帮邦德摆脱了困境。出乎意料的是，格兰特也有道具——藏在手表里的绞颈索。

Q：小道具大师

相信各位邦德迷都很清楚，邦德的各种小道具全部出自军情六处的军需官布思罗伊德少校之手。他还有一个更为人们熟知的名字——Q。他做的小道具总是别出心裁，拥有意想不到的功能。看电影的时候，我们虽然无法断定剧情如何发展，却知道肯定会出现一个惯例小环节：Q向邦德展示新的小道具。每当Q认真说明道具的使用方法时，邦德就会随意乱动实验室里的东西。这时，Q就会露出不悦的神色，说道：“注意听着，007。”有时，看到邦德胡乱摆弄某个小道具，Q甚至还会大喊：“当心！”尽管邦德看似心不在焉，但在需要用到这些道具的时候，他都能做到心中有数。

介绍道具的环节往往充满笑点。例如，在《007之雷霆杀机》中，Q展示了他的宠物“Snooper”。它是一个机器狗，脖子可以伸缩，眼睛里内置了视频摄像头，以便让Q观察它周围的情况。他还展示过一个假的石膏手臂，它能用力弹射出去，直接将一旁的假人“爆头”；[①]一把带有弹射功能的椅子，一支能发射水泥的枪，[②]还有一些会爆炸的流星锤。[③]后来，Q也成了非常受欢迎的角色，饰演者德斯蒙德·莱维林（Desmond Llewelyn）对影迷给予Q的关注和喜爱感到万分惊讶。

邦德总是能将Q的小道具物尽其用。在大多数情况下，它们就是他的救命稻草。不仅如此，这些道具也收获了影迷们的喜爱和期待。在我看来，它们为邦德电影锦上添花。

嗒嗒嗒……盖革计数器

盖革计数器曾在两部邦德电影中出现过：《007之霹雳弹》和《007之黑日危机》。这是一种用来检测辐射的仪器，技术人员和接触辐射的工作者经常会用到它。

---

① 出自《007之最高机密》。

② 以上两个道具出自《007之海底城》。

③ 出自《007之太空城》。

在《007之霹雳弹》中，邦德奉命去寻找两颗被劫走的原子弹。最终，他在巴哈马的首都拿骚找到了犯罪嫌疑人埃米利奥·拉尔戈。在检查拉尔戈的游艇时，邦德在船底发现了一道暗门，他怀疑炸弹很可能藏在游艇内部。他交给女主角多米诺·德瓦尔一台装有盖革计数器的相机，让她帮忙调查。如果计数器检测到辐射，就会发出嗒嗒声。但是，还没等她行动，拉尔戈就识破了她的意图。他将她拖进舱室，捆在了床上。

在《007之黑日危机》中，核物理学家克里斯玛斯·琼斯出场时腰间系着一个辐射探测器。她还拎着一个大箱子，里面装有仪器和各种类型的核设备，其中很可能就有一台盖革计数器。

1913年，就在人们发现放射现象后不久，汉斯·盖革（Hans Geiger）发明了盖革计数器，他设计的第一台仪器非常简陋。1928年，他和瓦尔特·米勒（Walther Müller）一起改进并制造了新的仪器。它可以检测三种类型的辐射：α粒子、β粒子和伽马射线。α粒子是氦原子的原子核，由两个质子和两个中子组成。它的穿透能力很弱，能被几张纸轻易挡住，因此并不危险。β粒子是高速电子。它的穿透能力比α粒子强得多，可以穿过大约6毫米厚的铝。伽马射线是它们当中真正的射线。它与X射线相似，只不过穿透力更强，大约需要5厘米厚的铅才能挡住它。这三种辐射都是由放射性材料释放出来的，而且都会在原子弹爆炸中出现。

盖革计数器的结构相对简单（图35）。它有一个充满气体的金属圆管，在沿圆管的轴线上装有一根金属丝电极。我们对金属管壁和金属丝电极施加一定的电压，这个电压要略低于管内气体的击穿电压（即电流能够通过气体从一个电极传到另一个电极所需的最低电压）。当装置靠近放射性物质时，α粒子、β粒子和伽马射线会使管内气体中的原子电离导电。在电压的作用下，它们会朝其中一个电极飞去，从而产生一个短暂而微小的电流。这个电流经过电子设备放大后，就会发出“嗒”的一声。很快，气体会恢复到原来的状态。于是，每当装置探测到辐射，它就会发出一声“嗒”。我们就用每秒出现嗒声的次数来衡量辐射的强度。

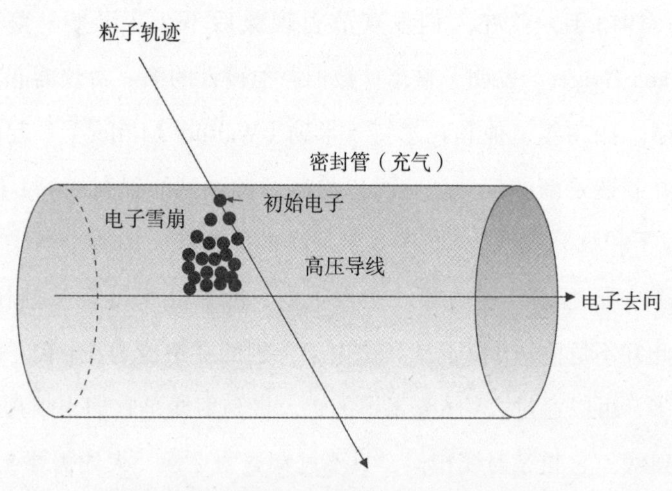

图35　盖革计数器（当高速粒子射入管内时）

盖革计数器对于放射性物质的研究非常重要。不过，在1947年它基本上被卤素计数器取代了。卤素计数器的工作原理是一样的，但它的使用寿命更长，工作电压更低。近来，人们还发明了其他的辐射探测器，例如闪烁计数器和各种固态元件。

声音和变声器

在《007之金刚钻》中，布洛菲尔德用一个小盒子改变了自己的声音，令邦德大为震惊。布洛菲尔德强占了亿万富翁威勒·怀特的企业，并在赌场顶层的房间里暗中操控。他利用一个装置来冒充怀特的声音，向他的部属下达命令。这让邦德大开眼界。在Q的帮助下，他也用类似的装置骗了布洛菲尔德。邦德想知道布洛菲尔德将威勒·怀特关在何处，于是假装他的手下伯特·赛斯比给他打电话。布洛菲尔德上了当，将信息和盘托出。

那么，变声器的原理是什么呢？既然说到声音，我们就要先了解它的基本概念。从物理学的角度看，声音是一种以一定速度在介质中传播的压力波。声音在空气中的速度是343米/秒。它是由物体振动产生的。例如，说话声是通过声带振动产生的，乐音是由琴弦振动产生的。

这些振动以波的形式在介质中传播。前面我们说过，波有两种类型：横波和纵波。声音属于纵波。换句话说，它的振动方向与传播方向平行。声音的要素包括它的频率（或音调）和振幅。频率是指每秒钟的振动次数，单位是赫兹（Hz）。人耳能听到的频率范围大约在20赫兹到15000赫兹之间。对于音阶来说，中央C的频率为264赫兹，G的频率为396赫兹。

上了年纪，人们会碰到这样的问题：随着年龄增长，我们能听到的声音频率上限会明显下降。因此，老年人听不到频率在15000赫兹附近的声音。我曾在课堂上做过一个有趣的实验，可以清楚地证明这一点。我有一台发声器，它能产生各种频率的声音。我跟学生们说，如果能听到声音，就把手举起来。然后，我会逐渐提高声音频率，并要求听不到声音的学生把手放下。实验结果很有意思，因为先把手放下的总是高年级的学生。不用说，在还有很多学生都举着手的时候，我就已经什么都听不到了。顺便插一句，狗能听到的频率上限比人类高得多。

波的振幅与它的强度有关，对于声音来说，就是和音量有关。人耳能听到的音量范围也很广。我们通常用分贝（dB）来衡量声音的强度。树叶的沙沙声大约为10分贝；正常对话的声音大约为60分贝（假设没有争吵）。一旦声音超过130分贝，人耳就会感觉疼痛。不过有趣的是，这并不比摇滚演唱会前排观众感受到的音量（约为110分贝）高多少。如果声音达到160分贝，我们的耳膜就会被击穿。

我和儿子常常因为高分贝音量的危险性争论不休。每次我坐他的卡车都必须忍受100分贝左右的摇滚乐。我爱音乐……但只能在一定的音量范围内。音量过高带来的直接后果就是耳鸣——总感觉耳朵里有声音。几年前，我打电钻的时候经常不戴护耳罩，于是便亲身体验了一回耳鸣——真的不好玩。所幸它已经自愈了。

说回变声器——我们怎样才能复制出某个人的声音呢？众所周知，每个人的声音听起来都略有不同。通过声音，我们就可以分辨出是谁打来的电话。声音的区别主要在于频率和泛音。根据频率高低，我们很容易就能区分女性的声音（少数个例除外），通常它们音调很高。不过，泛音更能体现出个人的特点：几乎所有声音里都包含泛音。假设我们用钢琴弹奏中央C，然后用示波器（一种能在屏幕上显示波形的仪器）来观察它的波形。可能你会以为，它和频率发生器（这种仪器可以给出“纯的”声音）产生的256赫兹的波形是一样的。然而并非如此。对比两个波形，你会发现明显的不同。由于泛音的存在，钢琴的波形会略有变化。如果用小提琴演奏同样的音，它的波形也是不同的（图36）。

泛音的存在、频率的差异以及不同人的发音方式都会让声音千差万别。和指纹一样，声音也是人的一种特征。邦德电影中的变声器必须能够分析某个人的声音特征，并将它叠

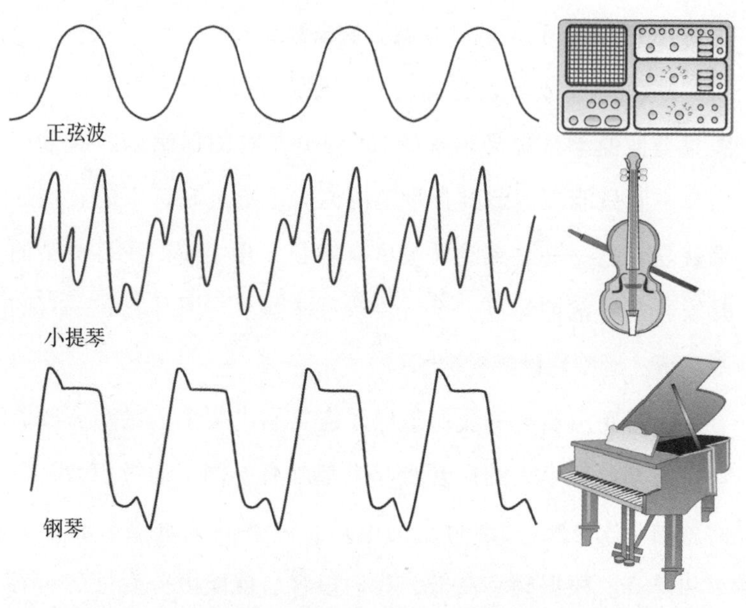

图36　信号发生器、小提琴和钢琴分别产生的中央C波形

加在说话人的声音上（或者进行词语的替换）。为了搞清楚它如何实现这一点，我们先来了解一下声音的记录、传输和采集过程。首先，我们用麦克风接收声音，声波的压强变化使得麦克风内的振膜发生振动。这些振动通过电阻器或者小型电压发生器被转换成电流，电流被送到电路另一端的振膜或者扬声器上。我们可以通过修改电信号来改变声音，这是比较简单的操作方法。邦德电影中的变声器必须能够分析讲话者的声音特征，并对电信号做出相应改变。在实际情况中，我们需要借助计算机才能完成这些工作。第一步就是观察计算机上显示的信号，它看起来就像一连串的振荡或波浪。我

们可以在计算机上轻松修改这些“振荡”。要想将一种声音变成另一种声音，就必须从想模仿的目标声音入手。我们可以提前建立词语库，用库中的词语进行相应替换，或者对每句话的波形进行相应修改，让它听起来和目标声音一致。不过，后者可能更麻烦。无论采取哪种方法，整个过程都会耗时耗力，而我们还希望它能快速自动完成。音乐人经常会做类似的事情。他们用计算机分析录音的波形，然后根据自己的想法对它进行修改。他们能轻松替换跑调的旋律和唱错的歌词，消除多余的杂音，但他们不会把自己的声音换成别人的（至少我希望不会）。

如今，我们可以采用数字化的方式录音。因此，修改声音也比以往更加容易。目前市面上的变声器种类繁多，既有只能改变频率的廉价工具，也有可以改变谐波的昂贵专业产品。有时，人们打电话不想被认出身份，也会使用变声器。不过，即使是较贵的变声器，也很难准确重现他人的声音……或许这是一件好事。

偏振光

在《007之雷霆杀机》中，邦德戴了一副特殊的眼镜，它能消除眩光，让他透过玻璃反光看清室内的情况。在影片中，他看到佐林给了斯泰茜一笔钱，似乎他们之间正在进行某种交易，令他心生怀疑。

减少眩光的太阳镜现在随处可见。这类眼镜叫作偏光太阳镜，目前市面上的太阳镜中大部分都是偏光镜。我在课堂上讲到偏振的时候，偶尔会问学生喜欢普通太阳镜还是偏光太阳镜。结果不难预料，大多数人都选择了偏光眼镜。但是，当我问及原因时（毕竟偏光镜的价格更贵），他们却说不出个所以然。通常他们回答："戴上它看得更清楚。"

的确，在某些情况下，它确实会让你看得更清楚。偏光太阳镜能够消除眩光，它的原理很简单。每一束光其实都是由许多"小波"组成的，这些波的振动方向都垂直于传播方向，但角度是随机的。偏振膜是一种半透明的材料，只允许沿特定方向（即偏振膜透光轴的方向）振动的光波通过。如图37所示，我们在前后放置两个偏振膜。假设第一个偏振膜的透光轴是竖直的，那么只有在竖直方向上振动的光波才能通过。现在，我们让第二个偏振膜的透光轴垂直于第一个偏振膜的轴，这样一来，只有垂直于第一个偏振膜轴的光波才能通过。然而，这个方向上已经没有振动的光波了，它们都被第一个偏振膜过滤掉了，因此没有光能通过第二个偏振膜。当我在课堂上演示这一实验时，学生们都很惊讶，当两条透光轴相互垂直时，偏振膜是黑色的。然后当我转动它们，使轴线方向一致或者平行时，它们就会变成半透明的。

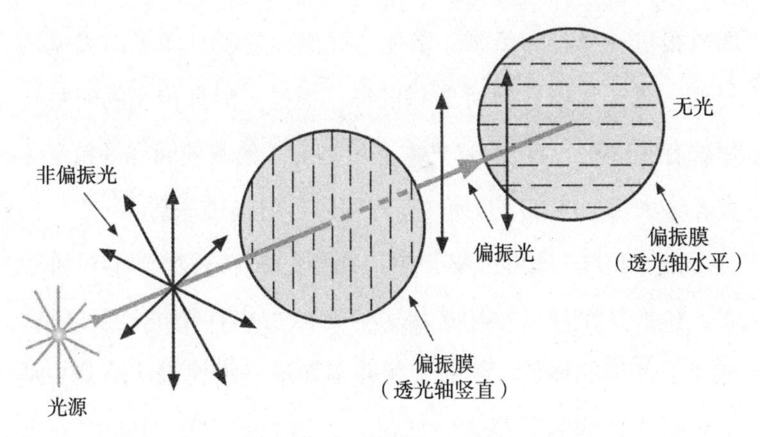

图37　光穿过两个透光轴相互垂直的偏振膜

这和太阳镜又有什么关系呢？是这样的，当光从某个表面——玻璃或者水面——反射回来时，会在和表面平行的方向上发生偏振。如果太阳镜中偏振膜的透光轴和这个偏振光垂直，就能消除掉眩光。渔民特别喜欢偏光太阳镜，因为戴上它可以看清水里的情况。

神奇的手表

邦德在电影中戴过很多神奇的手表。不得不说，有的表就连我也很想要。第一块手表出现在《007之生死关头》中。我们已经见识过它的奇特功能了——改变子弹方向。此外，它还内置了一把圆锯，邦德用它切断了捆住双手的绳索。

在《007之海底城》中，邦德戴了一块精工手表，它能像收报机一样打印纸带。影片一开始，它就打印了M发来的消息，通知邦德立即回总部报告。不过，消息传来的时机让邦德有些尴尬。在《007之太空城》中，他戴的同样是精工手表。这块表帮他在“月帆号”火箭发射时逃过一劫。

在《007之最高机密》中，邦德的手表还增设了对讲功能。在影片结尾，他用这块手表和撒切尔首相进行了通话，得到了首相的称赞。然而首相并不知道，跟她说话的其实是一只鹦鹉，因为邦德正“忙得”无法脱身。在《007之八爪女》中，邦德也戴了一块精工手表。Q在法贝热彩蛋中放了一个自动跟踪装置，邦德可以通过手表中的接收器来追踪彩蛋去向。

给我印象最深的几块邦德手表出现在后期的电影中。在《007之黄金眼》中，邦德的欧米茄手表配备有激光器、盖革计数器、可以切割玻璃或钢铁的微型锯、电传通信器和移动电话。按理说，具有如此强大功能的手表不可能那么小。不管怎么说，它确实令人惊叹。在《007之黑日危机》中，邦德戴过一块类似的欧米茄表。它能发射激光，有一个强力闪光灯和一把抓钩枪。关于邦德手表我们就说这么多。

微型照相机

有两部邦德电影中出现过微型照相机。在《007之太空城》中，邦德用一个微型照相机拍摄了德拉克斯保险箱中的“月帆号”计划。这一幕还藏了一个彩蛋：在他拍摄计划的时候我们可以看到，相机两个圆圆的镜头后面写着一个“7”——连起来正好就是“007”。在《007之雷霆杀机》中，邦德用一个戒指形状的照相机偷拍佐林庄园里的人，其中被拍到的是一个前纳粹医生，他曾在集中营的囚犯身上做过实验。

照相机的工作原理是什么呢？其实，它是一个比较简单的设备——至少从原理上讲是这样：相机用镜头拍摄物体，并在机身后部的底片上形成图像。我们甚至连镜头都不需要，一个小孔就可以成像，只不过它生成的图像不太清晰，而且透光性也很差。

用单一镜片拍出的图像往往与“理想”效果存在偏差。高端相机会使用多种镜片来纠正这些偏差。这些偏差包括色差（类似于光通过棱镜发生的色散现象）、球差（光线发生偏离，使得一些光线在不同的点聚焦）、像散（物体水平和垂直光线聚焦在不同的平面上）和彗差（图像中心以外的点呈现出彗星状的光斑）。它们都可以通过各种镜片来进行修正。因此，高端相机的镜头往往都是由几个独立镜片组成的复合透镜。

我们还需要额外的镜片让图像聚焦在相机后部的底片上。因此，如果已知物体与镜头的距离，我们还必须知道图像形

成的位置。这可以通过下面的公式得到

$$1/O + 1/I = 1/\mathrm{f}$$

其中，O是物距，I是像距，f是镜头的焦距。

对于摄影师来说，有两个参数特别重要。如果没有对它们进行正确设置，就拍不出好看的照片。它们就是光圈大小和快门速度。光圈是光线进入相机机身的通路；它能控制到达感光面的光量。光量太多，底片就会曝光过度；光量太少，底片就会曝光不足。光圈大小是由光圈系数（f）来衡量的。标准光圈值有f/1.4，f/2，f/5.6，f/8，f/11，f/16，f/22，f/32，f/45和f/64，其中f/1.4的光圈最大，f/64的最小。快门速度的单位是秒，常见数值有1、2、4、8、15、30、60、125、250和500，其中1代表1秒，60表示1/60秒。

邦德用的大都是微型相机，其中一个还是戒指形状的。自相机问世以来，微型相机几乎一直存在，而且总能带给人新鲜感。早在1886年，人们就造出了手表相机。20世纪30年代，瓦尔特·察普（Walter Zapp）开发出了密诺斯相机，它的胶卷宽度只有9.5毫米。这项发明令照相机技术有了新的飞跃。不过，直到20世纪五六十年代微型相机才真正出现，而且没有一台能做得像戒指那么小。根据吉尼斯世界纪录，有史以来最小的商业胶片相机宽为2.9厘米，厚度为1.65厘米，比戒指大得多。不过近几年来，相机领域无疑发生了巨大的变化。数字存储卡已经取代了胶卷，人们大多选择数字化的方式来存储图像。这样一来，相机就可以做得更小，戒指相机也就不再稀奇。这类商品的广告现在随处可见。

全球定位系统

全世界有数百万台设备都在使用GPS，如今它已经成为我们不可或缺的一部分。GPS的全称是“全球定位系统”，它可以准确找出你所在的位置（图38）。说起GPS的出现还要追溯到1978年，当时美国国防部发射了第一颗“导航星”

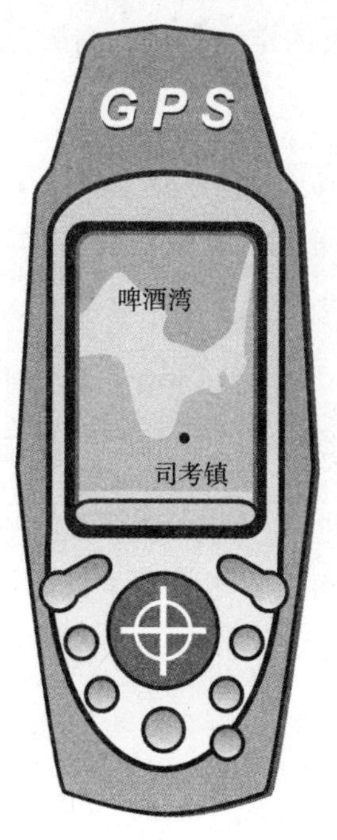

图38　全球定位系统（GPS）装置

（NAVSTAR）卫星，目的是给军方提供陆海空领域的高精度导航。没过多久，这一系统也开始支持民用服务。1980年，人们便用上了GPS系统。

目前，我们上空有24颗GPS卫星[①]（如果算上俄罗斯和欧洲的卫星，那就更多了），这是提供全球服务所需要的卫星数量。20世纪90年代初，这一系统正式启动，现在它被用来为船舶、船只以及各种车辆提供导航。

电影《007之明日帝国》中出现过一个GPS，不过它和我提到的装置有些不同。它是一个GPS"编码器"，可以窜改"导航星"卫星发出的定位信号。在影片开头，恐怖分子亨利·古普塔在"军火市场"买到了它。他利用这个编码器修改了"导航星"的信号，导致"德文郡号"偏离航线大约113千米。结果，"德文郡号"误入中国水域，中方派出米格战机向它发出警告。卡佛的隐形船击落了其中一架米格战机，还击沉了"德文郡号"。他的目的就是挑起中英两国的矛盾。邦德前来解围，避免了一场战争。

喜欢户外运动的人（猎人或者徒步旅行的人）往往会携带手持式GPS。它可以在地图上准确显示出你所在的位置，防止迷路。说到迷路……我想起了一段亲身经历。我多希望当时身上也能有一个GPS啊，可惜那会儿它还没有被发明出

---

① 指2005年本书英文版出版之时。

来。当年，我在一个树木茂盛的林子里打猎，旁边有一条弯弯的小河。和伙伴走散以后，我发现自己两次经过同一个地标，便不由得担心起来。

我知道，如果朝着垂直于小河的方向行走，那么迟早能走出树林，搞清楚自己的位置。于是我便开始行动，尽量走直线。终于，眼前出现一片空地，我以为马上就要走出树林，赶紧加快了脚步。结果出乎意料，那片所谓的空地居然就是那条河。我简直不敢相信——明明小河一直在我的身后。好吧……我决定再试一次。令我震惊的是，同样的事情再次发生了。这简直太离谱了。难道我真的在绕圈子吗？最终，我放弃了这个办法，只是不停向前走着。很快，天色暗了下来，我只好听天由命，准备在野外过夜。我知道夜晚树林的温度很低。

突然，我看到有人沿着小路向我走来。我松了一口气。我一脸窘迫地告诉他我迷路了，还问他对这片地区是否熟悉。他笑着说，他在这里打猎多年了。他问我把车停在哪里，我尽量详细地描述了一番。最后他说："我应该知道它在哪儿。"他告诉我路线，我遵循他的指示在黑暗中奋力前行。等我找到车的时候，天已经黑透了。我的伙伴还给警长打了电话。走到近处我发现他们正站在汽车旁交谈。我尴尬万分，但同时终于安下心来。

说回GPS的工作原理。总的来说，GPS是一个基于无线电的全球导航系统，它由24颗卫星（图39）和地面控制台组成，利用改良后的三角测量法（即三边测量法）计算观测者的所在位置。具体的定位过程是这样的：三颗卫星分别向外发射信号，这些信号以卫星为中心，呈球面扩散开来。地面的信号接收器就在这三个球面的交会处。已知信号到达卫星所需要的时间（信号以光速传播），我们很容易就可以算出接收器到每个卫星的距离。显然，这里的计时必须十分精确才行，对于卫星来说这不是问题，它们内部都有原子钟[①]。但是，地面GPS接收器的时钟精度很低，往往会出现问题。因此，在实际测量中，我们还要用到第四颗卫星。

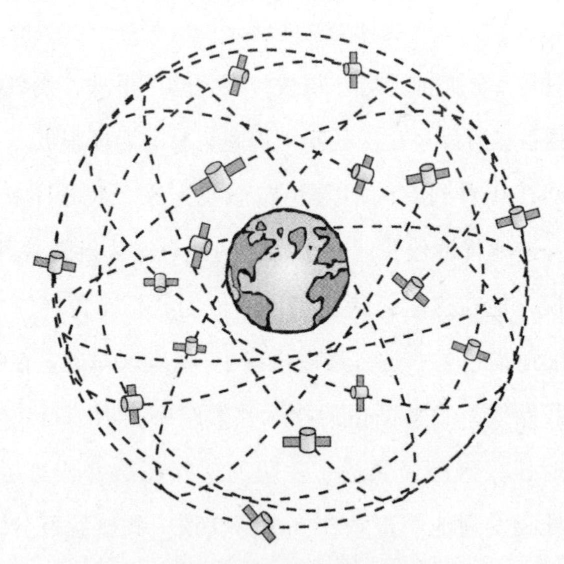

图39　提供全球定位服务所需要的卫星

① 20世纪50年代出现的高精度计时工具，利用原子吸收或释放能量时发出的电磁波进行计时，精度可达每2000万年误差1秒。

在使用GPS时，我们主要会遇到两个问题：首先是地球的电离层，它会延迟或中断来自卫星的信号；其次是地球表面附近的电子干扰。工程师正在努力攻克这些难关，相信很快就会出现精度更高的GPS设备。

Q在赌城

在Q所有的小道具中，有一种一直是我梦寐以求的。在《007之金刚钻》中，Q用了一个“电磁滚速控制器”，能次次在老虎机上赢钱。就连德斯蒙德·莱维林本人也表示，他非常希望这个小道具能真正被发明出来。我不清楚它的工作原理，我只是惊讶它居然没有引起赌场里其他人的注意（除了蒂法尼）。不过，就算我们可以控制老虎机的转速，那怎样才能让它在该停的时候停下来呢？不管怎么说，这个想法还是很了不起的。

这类道具显然会成为赌场老板的噩梦，但我觉得没人会同情他们。而且，他们也没必要担心。不过，我的手气一向很糟，倒是应该试试这个道具。我唯一一次赢“大奖”（都是五分钱的镍币而已）还是第一次玩老虎机的时候，那是很久以前的事了。当时一下子出来那么多硬币，搞得我有点不知所措。啊……要是能经常中奖就好了。

揪出“窃听器”

邦德每晚回到房间——尤其是他从来没去过的房间——做的第一件事是什么？对于铁杆影迷来说，这个问题太简单了：他会四处搜寻“窃听器”（我指的不是长腿的那种[①]）。通常他都会有所收获。有时，他还会借助小道具的帮忙。在《007之雷霆杀机》中，他的剃须刀里就藏着一个探测器，他用它搜寻佐林庄园里的窃听器。在《007之生死关头》中，他把探测器藏在了发刷里。在《007之俄罗斯之恋》中，他甚至没用小道具就发现了窃听器。他在房间里找到好几个窃听器，于是给前台打电话要求换房间。对方告诉他，除了蜜月套房外，没有其他房间。“可以。”他说。不过奇怪的是，他并没有检查新换的房间。

冷战期间，窃听器派上了大用场，世界各国的大使馆都在互相窃听。如今，窃听器在各个行业之间仍被广泛使用，而且这项技术已经拥有相当高的成熟度。早期的窃听器通常需要绑在电话线上或者放在房间里才能使用。人们通过直接布线的方式或者射频（RF）信号来监听近距离范围内的谈话。

如今，射频探测器仍然很常见，只不过它们变得更加精

① 窃听器的英文是bug，而bug也有“虫子”的意思。

密复杂。窃听器发出的射频信号很容易被发现。因此，现在的窃听器普遍选用红外线、微波和激光信号。它们往往更难被检测到。例如，我们从远处向目标房间发射激光，它碰到窗户后会被反射回来。窗户会随着房间内的对话而发生振动，我们将这些振动放大并转换为声音。在实际操作中，这样做的效率不高，但却是可行的。有了激光这类窃听设备，我们就可以坐在半个街区外的汽车里监听房间里的动静。

现在我们常用光纤来传输信号，而且每条光纤都可以携带大量信号。尽管如此，它仍有可能遭人监听。

了不起的手机

如今，移动电话随处可见。走在大街上，差不多有一半人的耳朵都贴着手机。看到有的人一边打电话，一边在高速公路上以145千米/时的速度驾车行驶，我着实感到后背发凉。

不过，这些电话都不如邦德手机的功能奇特。最令人惊叹的邦德手机是《007之明日帝国》中的爱立信手机。除了正常通话外，它还能控制邦德的宝马750iL。它具有指纹识别和撬锁的功能（他多久才会用到一次?），还能发射可以切断钢铁的激光，同时它还是一把20000伏的电击枪。这的确是一部相当厉害的手机。

邦德只需要在手机里的面板上轻敲两下，就可以远距离启动汽车。他可以在面板上划动手指来控制汽车运动，甚至操纵汽车过来接他。而且，手机屏幕还能显示汽车前窗外的情况，这样一来，邦德就可以躲在后座上用手机来驾驶汽车。当危险降临时（比如导弹来袭），手机还会及时发出提醒。

在《007之黑日危机》中，邦德也有一个类似道具。它是一个钥匙扣，可以控制他的宝马Z8。和前面的爱立信手机一样，它有一个启动按钮、一个加速/制动按钮以及一些额外功能。

不过，说到底还是我们的手机略胜一筹；据我所知，邦德从来没用手机拍过照，而拍照功能现在已经成了手机的标配。我们还可以用手机将照片发给别人（这还用我说）。

水下小道具

第一部出现水下小道具的邦德电影是《007之霹雳弹》。其中最有意思的要数水下呼吸器了。它里面装有空气，可以维持四到五分钟的呼吸，是专门应急用的。邦德用过两次：一次是在拉尔戈的鲨鱼池里；一次是在水下战斗中。英国军方对这个呼吸器很感兴趣，他们找到制片方，希望了解它的工作原理。结果却令他们大失所望：这个道具是假的。演员假装用它呼吸，实际上是憋气完成拍摄。在《007之择日而亡》中，邦德在冰下游泳时也用了同样的道具。

世界上第一台水下照相机也是在《007之霹雳弹》中亮相的。可能你会觉得意外，毕竟水下照相机目前十分常见，也出现了一段时间。邦德用水下相机拍到了拉尔戈游艇上的隐藏门。这台相机用的是红外线胶片，可以在暗处使用。

在《007之霹雳弹》中，邦德还用了一只水下“喷气背包”。他借助背包在水中快速移动。喷气背包上还配有鱼枪和探照灯，它们都在水下战斗中发挥了作用。

保险箱解码器

作为一名能干的特工，邦德时常会因为工作需要去撬保险箱。当然，他并不是去偷钱，他感兴趣的往往是秘密计划之类的东西。他第一次撬保险箱是在《007之女王密使》中，当时他用了一台相当笨重的破解设备。由于这台设备实在太大，邦德甚至动用了起重机才把它吊到布洛菲尔德律师的办公室里。我猜它里面肯定有一个磁性传感器。根据保险箱里的文件，邦德发现布洛菲尔德正试图夺取伯爵的权力。他还查出布洛菲尔德的藏身地就在瑞士的皮兹葛里亚。

《007之雷霆谷》中也出现过保险箱解码器。邦德闯入大里的东京总部，利用最先进的设备从他的保险箱中窃取文件。这台设备比《007之女王密使》中那个小得多。它的解码方式是快速试遍所有可能的密码组合，直到找出正确密码为止。

《007之黄金眼》中也用到了类似的装置。邦德将一个电子键盘贴在密码锁上，它能在几秒钟内自动拨出所有可能的密码组合。邦德利用它进入了大天使苏维埃神经毒气机构。

保险箱的工作原理是什么？或者说，保险箱密码锁的结构是什么样的？拆开密码锁你就会发现，它的内部有几个转轮（也叫凸轮），通常是钢制的。如图40所示，每个转轮的外缘处都有一个缺口（也叫凹口）。每个转轮的前后两侧各有一个齿，叫作拉片。这些转轮合起来就叫作轮组。轮组中转轮的数量就等于密码组合中数字的个数。换句话说，每个转轮代表密码的一位数字。

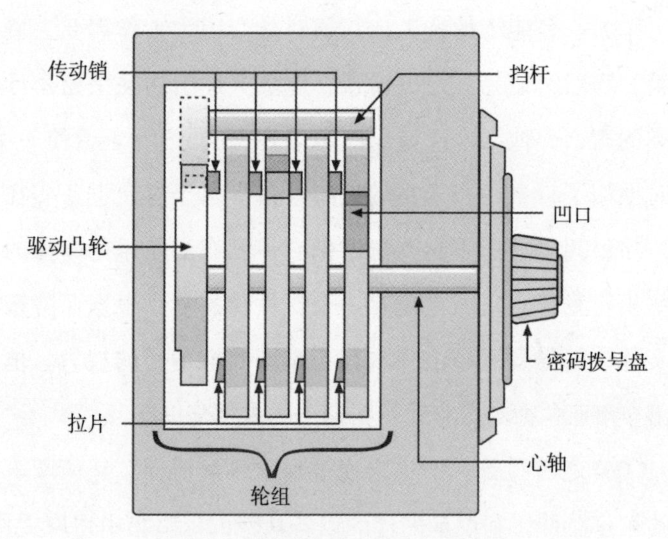

图40　保险箱密码锁轮组的侧视图

密码拨号盘连在一根贯穿转轮的心轴上，但是它并不与转轮直接相连，它和位于轮组后方的驱动凸轮相连。驱动凸轮上也有一个突出的齿，叫作传动销。当驱动凸轮转动时，传动销会碰到相邻转轮上的拉片，并且带着它一起转动。然后，这个转轮背面的拉片又会碰触下一个转轮的拉片，并带着它转动，以此类推，直到所有转轮一齐转动起来。

我们已经知道，每个转轮的边缘处都有凹口。当拨到正确的密码（组合）时，所有转轮的凹口就会完全对齐。靠近驱动凸轮的地方有一个带挡杆的杠杆。挡杆用于防止在没有拨对密码的情况下保险箱被打开。当所有凹口完全对齐形成凹槽时，挡杆就会掉入凹槽当中，保险箱的门就会被打开。

虽然邦德没有采取其他窃贼惯用的“撬锁”方式，但其实这类技术很有意思。很快你就会知道，实际操作远比电影中呈现的更加复杂。它要求窃贼必须拥有极大的耐心、充足的时间和一对灵敏的耳朵。事实上，很多窃贼的耳朵并不好使，所以他们还要用到听诊器。摆在他们面前主要有三重障碍。第一个与驱动凸轮有关，和转轮一样，它也有一个凹口，只不过形状与转轮的不同，后者通常是方形的。而它的凹口是向一侧倾斜的，以便杠杆（及其相连的挡杆）末端的扣栓可以从上方穿过。窃贼必须确定这个凹口的确切位置和它的宽度，这就需要他用耳朵来进行判断。当杠杆末端的扣栓擦过驱动凸轮凹口的一边时，会发出轻微的咔嗒声。他必须捕捉到这个咔嗒声，以及它碰触另一边所发出的第二个咔嗒声。由此，他就可以确定凹口的位置和大小（这个大小叫作接触区）。

接下来，他必须确定轮组里转轮的个数。简易保险箱一般有三个转轮，但是大多数保险箱的转轮数量更多（六个或者八个）。为此，他要先将拨号盘转到与接触区相反的位置。然后，一边慢慢向右转动拨号盘，一边仔细聆听。每当驱动凸轮带动一个转轮转动时，就会发出轻微的咔嗒声。如果他只听到四次咔嗒声，那么就可以确定转轮的数量是四个，因此密码就是四个数字的组合。

目前为止一切顺利。不过，真正的工作才刚刚开始，接下来的过程会相当乏味。首先，窃贼要将密码拨号盘向右多次旋转，重置门锁。然后，他要将刻度对准数字0，从0开始慢慢向左转动拨号盘，再次去捕捉扣栓与接触区两边碰触时分别发出的咔嗒声。他在图上记下它们的位置（即拨号盘上的确切数字），然后重置门锁，再将刻度对准0左侧的第三个数字，重复上述过程。这一次，两个咔嗒声出现的位置稍有不同，他同样将它们记录在图上。接着他要继续测试，每次都要将刻度依次递增三个数字，直到记录完整个拨号盘上的数字并回到0点。做完这一切后，他就会得到一张图，上面标记的点将集中在某些数字周围。如果转轮的个数是四个，那么就会有四个这样的数字。它们就是保险箱密码所用到的数字，但此时他仍然不知道它们正确的排列方式。他必须尝试所有的可能性，才能找到正确的密码。

这样开保险箱相当烦琐，显然大多数窃贼不会这么做——太费时了。除此以外，当然还有其他办法，只不过可能会更带来更多麻烦。你可以在保险箱轮组的位置钻个洞，然后借助查看器将转轮上的凹口对齐排好。在大多数情况下，这种做法有点碰运气。你也可以用焊枪切开保险箱。不过，这样做会产生大量的热，很可能还没等你切开保险箱，里面的东西就已经烧成了灰。而且，使用焊枪也需要一定的技巧。你还可以用硝化甘油从铰链处把门炸开。但是这样一来，保险箱里的东西未必能保得住，而且爆炸声很可能会引起别人的注意。

当然，邦德是不会考虑这些方法的。对他来说，第一种过于乏味，而后面三种又未免有些太不讲究。他选择利用计算机高速试遍所有可能的密码组合，直到找到正确的密码。就凭一个小小的装置有可能办得到吗？经过简单计算后我们发现，密码组合的数量很可能大得惊人——远远超出他那台小装置的能力范围。

跟踪装置

跟踪装置在两部邦德电影中发挥了重要作用。第一部是《007之金手指》，邦德用它跟踪金手指，来到他瑞士的工厂。和金手指打完高尔夫后，邦德在他的劳斯莱斯车底部放了一枚小型发射装置。他依靠阿斯顿·马丁仪表盘上的方位仪来追踪它的去向。

《007之八爪女》中也出现过一个跟踪装置。它被藏在一枚法贝热彩蛋中，邦德可以用笔中的无线电接收器和手表里的无线电测向仪来探测它发出的信号。根据这些信号，他追踪卡迈勒汗来到他印度德里附近的宫殿。

跟踪装置既不新鲜也不神秘，它就是一个能发出特定频率信号的小型发射器。只要使用同样频率的接收器（或者方位仪），就可以追踪到它的信号。早期设备只有在足够近的范围内才能接收到信号，但是随着GPS的普及，如今的追踪技术有了巨大的进步。有了GPS，我们几乎可以追踪任何人或事物——伴侣、孩子、宠物、上了年纪的亲人以及车辆。例如，我们给孩子戴上手表型的发射器，如果他不见了，我们很容易就能找到他。我们还可以利用类似的装置追踪被盗车辆。显然，它的用处相当大。

立体影像识别系统

在《007之最高机密》中出现过一个神奇设备——立体影像识别系统。邦德和Q用它识别出了黑帮人物埃米尔·洛克。洛克买通古巴杀手赫克托·冈萨雷斯，谋杀了蒂莫西和艾奥娜·哈夫洛克（梅丽娜的双亲）。当时他们正在寻找“圣乔治号”的残骸，冈萨雷斯用枪将他们打死在了游艇上。

这个识别系统有一个显示屏，邦德在上面画出了洛克的草图。他和Q一起不断完善这幅肖像，直到它与洛克本人十分接近。当然，警方的模拟画像师做的也是这样的工作。不同的是，这个系统连有一个数据库，里面包含数千张重罪犯的照片和档案，它能接入中情局、国际刑警组织、法国国家警察、摩萨德和西德警方。警察局的计算机也能接触到不少文件，但是没有这么多。

尽管警察局也可以实现这个系统的大部分功能，但是它的小巧精致确实带来了诸多便利。

有趣的笔

听我讲了这么多，你是不是有点吃不消了（或者感到厌烦了）？邦德用过的小道具实在太多，不过我们的介绍也快接近尾声了。第一支“神笔”出现在《007之八爪女》中。Q给了邦德一支笔，里面装有高浓度的王水，能够溶解金属。笔的顶端有一个无线电接收器，邦德用它追踪法贝热彩蛋中的跟踪装置。在宫殿里，邦德用强酸溶解了窗户上的金属栏杆，然后逃出了囚禁他的房间（按理说一支笔里装不了多少王水[①]，根本不足以溶解金属栏杆）。这支笔里还有一个耳机，

① 浓盐酸与浓硝酸的混合物，腐蚀性极强。

可以和法贝热彩蛋中的窃听器配合使用。邦德也借此偷听到了彩蛋所在房间里的对话。

在《007之黄金眼》中有一支能引爆的派克笔。快速连摁它三下就可以设置引爆，再摁动三下才能解除爆炸。电脑高手鲍里斯·格里申科是特里维廉的手下。在影片的后半部分，他拿到了这支笔，并且不停地摁动它。邦德一直看着他，但是他摁动的次数实在太多，就连邦德也搞不清楚这支笔是否会被引爆。整场戏充满悬念，观众们就想知道鲍里斯到底有没有引爆炸弹。当然，爆炸最终还是发生了。

腕式飞镖枪

大家应该还记得，在《007之太空城》中邦德用过一个腕式飞镖枪。它看起来就像一块手表，可以通过控制腕部肌肉的神经冲动来发射飞镖。它有五枚可以穿透盔甲的蓝色飞镖，还有五枚带氰化物涂层的红色飞镖，几秒钟就能杀死一个人。邦德用它强制停止了离心机训练器，后来还在德拉克斯用激光枪瞄准他的时候干掉了对方。

其他道具

为了完整起见，我还要再提几个小道具。首先是《007之俄罗斯之恋》中克列伯的那只鞋尖带有剧毒的鞋子。她朝邦德踢了一脚，不过他早有防备，躲开了攻击。《007之金刚钻》中的假指纹虽然算不上真正的小道具，但也很有意思。它是用乳胶制成的。邦德用它骗过了蒂法尼的检查。不过让我想不通的是，他怎么知道她会检查指纹呢。

在《007之海底城》中，阿尼娅的香烟——确切地说，是香烟的烟雾——也很特别。它能让邦德瞬间入睡（但不知为何，烟雾对她本人却没有任何影响）。同样在这部影片中，而且就在这一幕之前，邦德掏出了一个烟盒，它其实是微缩胶卷的查看器。他用它浏览了整个潜艇追踪系统的计划。

没错，邦德的小道具就是如此神奇，不过他的汽车更加不可思议，快和我一起走进下一章吧。

第006章　不可思议的邦德汽车

啊，邦德汽车！邦德电影怎么能少得了极速跑车呢？很多人都会幻想自己驾驶邦德的极速跑车一路疾驰。我也不能免俗。当然，大部分人买不起电影中的邦德汽车。但是我们可以想象。其实我已经向往很久了。我的父亲是汽车修理厂的老板，可以说我就是在汽车堆里长大的。每当“豪华惹眼”的新车被送进展销厅时，我内心就会涌起一股激动之情，而且这种感觉令我记忆犹新。

我们总喜欢拿各种汽车进行比较。随便翻开一本汽车杂志，就能看到整页的新车配置。似乎制造商们都在暗暗较劲，想要超越对手。通常这些配置包括马力、扭矩、排量、压缩比、0到97千米/时加速能力和最高速度。下面就让我们来逐一进行介绍。

汽车物理学概述

在衡量汽车性能时，我们会用到许多物理学的基本概念——尤其是动力和速度。邦德汽车总是动力十足，速度超快。汽车动力是由发动机大小决定的，而发动机的大小又取决于当中气缸的尺寸和活塞运行的距离，即发动机的缸径和行程，它们的单位都是英寸或者毫米，其中1英寸等于25.4毫米。

下面来看几个具体车型的缸径和行程。

	缸径（英寸/毫米）	行程（英寸/毫米）
2003奥迪A4敞篷车	3.25/82.5	3.65/92.8
2004梅赛德斯-奔驰CLK 320	3.54/89.9	3.31/84
2003萨博9-3 Arc	3.38/86	3.38/86
2003英菲尼迪FX 45	3.66/93	3.26/82.7

当活塞在气缸内来回移动时，它会扫过一定大小的容积，我们称之为发动机的排量。通常我们说的汽车排量指的是所有气缸的总排量，它是衡量发动机大小的最佳标准，常见单位有升（L）、立方厘米（cc）或立方英寸（ci）。它们之间的换算关系为1L=1000cc=61ci。一些现代发动机的排量如下。

2005克莱斯勒PT漫步者	2.4升
2003英菲尼迪FX 45	4.5升

2004大众途锐	3.2升
2004庞蒂克阿兹特克	3.4升
2004吉普自由者	2.4升
2004悍马H2	6.0升

不难看出，大多数车的排量在2到6升之间，其中6升已经相当高了，通常只有卡车或者大型SUV才拥有这样的排量。事实上，很少有汽车的排量超过8升。

我们再来看一个重要的物理学概念：功。众所周知，汽车在行驶过程中会做功。功与能量有关，做功会消耗能量，而这部分能量是通过汽油转化来的。功是指作用力与在力的方向上通过距离的乘积。因此，它的单位是牛·米。我们可以将“力×距离”改写为“(力/面积)×(体积)”，也就是“压强×体积”，即

$$W = PV$$

其中，P是压强，V是体积。通常在涉及汽车做功的问题时，我们用的是这个定义式。这里的P和V分别是指气缸中的压强和它的体积。

不过需要注意的是，定义里的功是指示功W_i，它不是传递到曲轴上的功。由于存在摩擦等因素，实际的功（我们称之为制动功W_b）会更少一些。指示功与制动功的比值叫作发动机的机械效率E_m，

$$E_m = W_b / W_i$$

现代汽车的机械效率通常在75%~95%之间。

现在，我们来认识两个最常见的汽车参数——扭矩和马力。先来看扭矩。前面我们已经知道，扭矩指的是力与力臂的乘积，其中力臂与力的方向垂直。既然扭矩涉及长度和力的乘积，那么它的单位就应该是牛·米。但是这样一来，它和功的单位就重复了。为了避免混淆，对于功我们采用它的国际单位——焦耳。

扭矩是力和与之垂直的力臂的乘积，那么显然它是一个衡量扭动或者扭转作用的物理量。虽然它不会影响直线方向上的运动，但是对于汽车来说却十分重要，因为发动机中的曲轴在转动（或扭动）。扭矩衡量的就是这种转动力量的大小。不过需要注意的是，汽车发动机的扭矩与它的转速有关。换句话说，在特定的转速下，扭矩会达到峰值。因此，当我们提到扭矩时，必须指明转速。

了解这些之后，我们来看几款现代汽车的扭矩。它们都是2004年的车型。

克莱斯勒太平洋	338牛·米&4000转/分
凯迪拉克SRX V8	425牛·米&4400转/分
保时捷911 GT3	383牛·米&5000转/分
道奇蝰蛇SRT10	709牛·米&4200转/分
大众帕萨特W8	369牛·米&2750转/分
宝马X5	437牛·米&3600转/分

不知为何，影片中很少提到邦德汽车的扭矩，但是会给出它们的马力值。下面我们就来看看什么是马力。

我们先从功率说起。功率是描述做功快慢的物理量。因为功的单位是焦耳，所以功率的单位是焦耳/秒（即瓦特）。1783年，苏格兰工程师詹姆斯·瓦特（James Watt）觉得“功率”这个概念太抽象，他希望找到一个更加直观的物理量，于是便决定测试一匹马在一定时间内能做多少功。他发现，一匹马在一秒钟里可以将150磅（约68千克）的重物提升4英尺（约1.2米）；因此，他将马力（HP）[①]定义为550英尺·磅/秒。

如果你搜索邦德汽车的马力值就会发现，它们通常被标为制动马力（bHP）。这指的是发动机输送到曲轴上的实际功率，也就是我们真正使用的功率。因此，后文中我所说的马力指的都是制动马力。

下面是几款现代汽车的马力值（除非另作说明，这些都是2004年的车型）。我要再次强调，马力同样会随着转速发生变化。

道奇RAM 2500 HD（卡车）	345马力&5400转/分
雷克萨斯RX 330	230马力&5600转/分
宝马645 Ci 325	325马力&6100转/分

① 这里的马力（HP）指的是英制马力，1英制马力 = 745.7瓦特。

克莱斯勒300C	340马力&5000转/分
吉普自由者	210马力&5200转/分
2003年丰田Matrix XR5	180马力&7600转/分

可以看出，马力的变化范围大约在150到500之间。现如今汽车功率的确非常惊人。就在几年前，300马力的汽车还很少见，但现在已经相当普遍了。在评价早期的邦德汽车时，请不要忘记这一点。它们当年都是汽车中的佼佼者，只不过在今天看来显得很普通。

邦德有一辆汽车是带涡轮增压的，我们先简单看看它的原理。说到涡轮增压，就不得不提到机械增压。我们先来了解容积效率的概念，它是指实际吸入燃料和空气的体积与气缸容积的比值。假设当活塞位于底部时，气缸的容积为120毫升。可能你会以为，发动机吸入的燃料和空气也会有120毫升，能将气缸填满。然而事实并非如此，吸入的混合物体积远远小于气缸的容积（图41）。容积效率衡量的是燃料和空气的实际填充比例，它通常在80%~95%之间。

如果气缸能被填满，那么显然我们就会获得更多动力。工程师采取的办法是，在吸入燃料和空气的同时对其进行压缩。压缩的方式有两种：一种是通过排气管驱动涡轮机对混合物进行压缩；另一种是用曲轴上的皮带轮驱动压缩机，直接对混合物进行压缩。前者叫作涡轮增压，后者叫作机械增压。

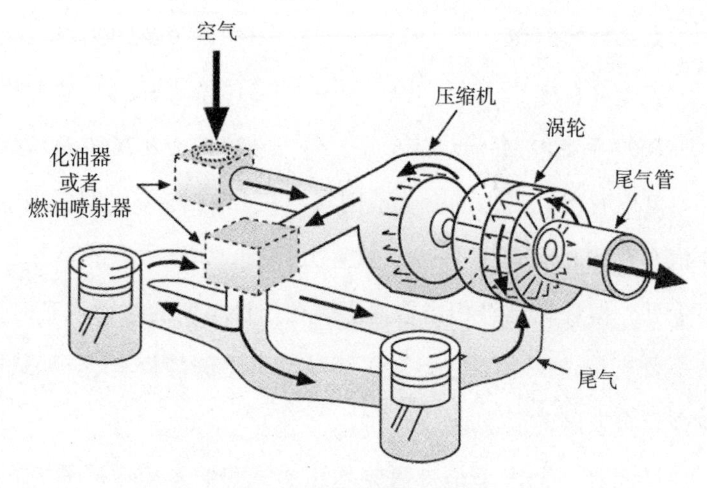

图41　涡轮增压器示意图

最后，我再提几个常见的衡量汽车性能的参数。例如，0到97千米/时的加速时间，最高速度，97千米/时到0的减速时间。不过，减速可不适合邦德汽车，因为邦德从来不减速——他只管加速。此外，我们有时还会提到汽车的制动类型和悬挂系统类型。

阿斯顿·马丁DB5

在最初的几部邦德电影中，跑车并不是重要角色。在《007之诺博士》中，邦德驾驶的是一辆阿尔派阳光跑车，这辆车是从牙买加一个女人那里以每天15先令（约3.5美元）的价格租来的。在《007之俄罗斯之恋》中，邦德的座驾是一辆宾利，这是因为伊恩·弗莱明曾经开过宾利，而且很喜欢这种车。直到第三部电影《007之金手指》，邦德才终于拥有一辆配得上自己的车。在原作中，弗莱明为邦德准备的是具有“额外本领”的阿斯顿·马丁。不过，制片方认为邦德需要更多的功能。影片的特效专家约翰·斯蒂尔斯（John Stears）联系了阿斯顿·马丁汽车公司，他表示想在电影里使用阿斯顿·马丁，但是EON制片公司拿不出买车的资金。从那以后，事情有了很大进展。阿斯顿·马丁公司出借给制片方一辆车，而且还是性能最棒的DB5。于是，制作设计师肯·亚当斯（Ken Adams）和斯蒂尔斯便开始对车进行改造。他们给它增添了很多功能！很快，它便成了世界上最著名的汽车。

这辆车的指示灯后面藏有前置机枪，后窗上有可升降的防弹挡板，还有可旋转的英国、法国和瑞士车牌，高压喷油器，喷撒钉子的装置，向后方发射的烟幕，以及藏在轮毂盖里的旋转式轮胎切割器。此外，它还有一个弹射座椅，能将坐在副驾驶的不速之客弹飞。它还配备了追踪车辆的车载雷达，驾驶座的下方就是控制武器发射的面板。

这辆车本身的动力性能也很强大；它有一个4升的发动机，在转速为5750转/分时，功率可达282马力。它还有一个五挡变速器，最高速度为241千米/时。邦德和金手指打完高尔夫后，立即将自动跟踪装置放在了金手指的车里。这个装置激活了车上的雷达系统，于是邦德便追踪金手指来到瑞士。在金手指工厂附近展开的汽车追逐中，邦德车上的武器基本都派上了用场。我敢说，所有人都盼着他按下弹射座椅的按钮——我也不例外。当金手指的警卫押着他前往工厂时，邦德用弹射座椅将他弹飞了。这里有一处不合逻辑的地方。按理说，反派抓住了邦德，就不应该允许他开着自己的车去工厂，尤其是他们已经见识到这辆车的“能耐”了。金手指对这辆车也很感兴趣。

在《007之霹雳弹》中也出现过阿斯顿·马丁DB5的身影。影片一开始，邦德背着喷气背包飞过高墙后，就驾驶DB5逃走了。很快，追击者撵上了他，而他的新武器立刻就有了用武之地。他用“水炮”朝追击者射出一股巨大的水流。不过，对此我心存疑问。以这样一辆汽车的体形来看，水炮射出的水压和水量未免过于惊人。除非汽车配备了巨大的储水箱和加压装置，否则无法达到这样的效果，但显然DB5内部并没有足够的空间。

在1995年的《007之黄金眼》和1997年的《007之明日帝国》中也同样用到了DB5。只不过影片中出现的是另外的汽车。《007之金手指》中的原版DB5在1986年被一位收藏家买走，多年来一直被陈列在展馆里。后来，这辆车于1997年6月失窃，至今下落不明。

丰田2000GT

第五部电影《007之雷霆谷》的故事发生在日本，因此邦德汽车自然也选用了日本车。不过，说是“邦德汽车”并不准确，因为他并没有真正驾驶过它。这辆车的主人是他在日本认识的同伴亚纪。这是一辆丰田2000GT。制片方之所以选用它，主要是因为它在当时的东京车展上引起了轰动。这款车拥有很多有趣的功能：一套闭路电视系统、一个高保真接收器和磁带播放器、一台双向无线电设备、一部声控录音机和一台微型彩色电视——这在当时都是十分新潮的配置。它有一个斜置的六缸发动机，在转速为6600转/分时，功率可达150马力；一个五挡变速器，最高速度为230千米/时。它还拥有标志性的前后独立悬架和前后盘式制动器，这些在当时都是非常超前的技术。

水内莉

阿斯顿·马丁是肖恩·康纳利的专属座驾，尽管它的主人后来变成了皮尔斯·布鲁斯南。和康纳利一样，罗杰·摩尔也有他代表性的车——路特斯Esprit。事实上，路特斯Esprit出现在多部邦德电影中绝非偶然。路特斯公司的经理唐·麦克劳克林（Don McLaughlin）听说伦敦的松林制片厂正在筹备新的邦德电影《007之海底城》，于是便将一辆崭新的路特斯汽车停在了制片厂门口。这一招奏效了。制片人艾伯特·布洛柯里相中了它，决定让它在电影中亮相。

《007之海底城》中的路特斯Esprit之所以大受欢迎，是因为它能变身为一艘潜水艇。这种功能非同寻常。除此以外，路特斯Esprit还配备了精良的武器：鱼雷、地对空导弹、深水炸弹以及陆地和水下都可以使用的烟幕。它有一个140马力的发动机、一个五挡变速器，最高速度可达217千米/时，0到97千米/时的加速时间为9.2秒。

影片中，邦德和阿玛索瓦被斯特龙伯格的手下追赶，他们开着路特斯Esprit在山间穿梭。显然斯特龙伯格对手下没什么信心，因为他还派了助手娜奥米开着直升机助战。我非常喜欢她在干掉邦德前冲他眨眼的表情。路特斯Esprit从栈桥上冲进大海，汽车追逐告一段落。邦德和阿玛索瓦似乎没戏唱了，不过别急，最精彩的一幕马上就要出现了。出人意料的是，路特斯Esprit迅速变成了一艘潜水艇。它突然发射了一枚导弹，瞬间干掉娜奥米和她的直升机。之前的“眨眼”显然帮了她的倒忙。总之，这场戏相当有看头。

虽然拍摄时运用了一些技巧，但汽车的确起到了潜水艇的作用，而且它的速度非常快。不过，汽车在水下变身的过程并不简单。这场戏一共用到五辆汽车，每辆车负责一个变身步骤：首先收起车轮，封闭轮拱，然后伸出鳍板，滑起后保险杠，露出螺旋桨。简直太了不起了！

然后，“路特斯潜艇”前往斯特龙伯格的总部亚特兰蒂斯，在那里它遭到一些身着水下动力设备的蛙人袭击。邦德利用路特斯上的武器打败了他们。后来，路特斯驶出水面，开上了沙滩，吓坏了享受日光浴的人们。这场戏在拍摄时同样用到了一些技巧。实际上，这辆车是沿着隐藏轨道被拉出水面的，不过影片呈现出的效果相当逼真。顺便一提，因为之前有一架自转旋翼机名叫“小内莉”，所以路特斯也被称为“水内莉”。多年来，它已经成为第二大邦德名车。如今它又在哪里呢？它归伊恩·弗莱明基金会所有。

1981年的《007之最高机密》中也有一辆路特斯Esprit。这辆新型的路特斯带有涡轮增压。其实，影片中用了两辆这样的路特斯。冈萨雷斯的手下用铁锤试图强行闯入第一辆路特斯，然而这辆车有一个秘密武器——自毁装置。他们根本没有想到，汽车竟然在眼前爆炸了（更没想到自己会因此送命）。后来，邦德又驾驶着另一辆路特斯出现，两辆车的排量均为2.17升，在转速为6000转/分时功率可达205马力，最高速度为238千米/时，0到97千米/时的加速时间为6.6秒。

最特别的邦德汽车

虽然路特斯才是《007之最高机密》中的“主角”，但是从很多方面来看，它的风头都被“最特别的邦德汽车”给抢走了。这辆车不是跑车，却深受法国人喜爱；它销量高达数百万，拥有大批的狂热粉丝。它就是方形的雪铁龙2CV。影片中最扣人心弦的一场追逐戏就是由它完成的。在制片方眼中，常规的雪铁龙显然不能满足追逐戏的要求，于是他们对它进行了改装。他们将它的功率从29马力提升至59马力——作为邦德汽车，这样的功率依然很低。不过，它的最高速度为161千米/时。他们还为它加长底盘，改换变速箱和离合器的外壳，安装特殊的减震器、重型稳定器和防滚架。我不得不承认，改造工作做得太好了。

更强动力，更高速度

《007之黎明生机》采用了新一任的邦德演员——提摩西·道尔顿，邦德汽车也随之更新换代——阿斯顿·马丁V8 Volante。在被捷克警察和克格勃追捕时，邦德驾驶它逃离了捷克斯洛伐克。这是当时动力性能最强的邦德汽车。它有一个5.34升的发动机，功率为300马力。在1987年，这样的配置相当了得。它的最高速度为235千米/时，0到97千米/时的加速时间为6.6秒。为了能够适应冰天雪地的捷克斯洛伐克，Q对它做了“过冬”处理，增加了可伸缩的支架滑雪板，方便在冰面稳定行驶。他还在轮胎上安装了可伸缩的钉子，以提高汽车在冰面上的抓地能力。此外，这辆车还有一个切冰装置，邦德用它在冰封湖面上摆脱了一辆追击汽车。

最令人叫绝的还是车上配备的武器。有一个喷射器，可以为汽车提供额外推力，邦德利用它飞越了水坝。汽车的前雾灯后面藏有制导导弹，可以通过前挡风玻璃上的显示屏将它导向目标。车身前轮毂盖上有一个激光器，邦德用它切掉了和他们并排行驶的警车底盘（这是影片中为数不多的搞笑镜头）。总之，阿斯顿·马丁是辆好车，可惜最终还是爆炸了。和其他几辆邦德汽车一样，它也有防入侵的自毁功能。

宝马Z3

在筹备拍摄《007之黄金眼》期间，制片方选定宝马Z3作为邦德的官方用车。新的邦德（皮尔斯·布鲁斯南）配上新的座驾，看起来再合适不过了。结果，关于新车的宣传报道比它在影片中的戏份还要多。他们甚至召开新闻发布会来公布Z3要上电影的消息。来自全世界的40家电视台和大约500名记者出席了发布会，可奇怪的是，汽车并没有亮相。一切都处于保密状态。直到1995年11月《007之黄金眼》在纽约首映时，皮尔斯·布鲁斯南和Q才在中央公园向媒体展示了Z3。当时可用的Z3只有20辆，其中多数被售出，有的卖给了知名演员，包括麦当娜（Madonna）、亚历克·鲍德温（Alec Baldwin）和导演史蒂文·斯皮尔伯格（Steven Spielberg）。

Z3有一个五缸发动机，功率为140马力，最高速度为204千米/时。和以往的邦德汽车不同，它没有那么多额外功能，只有降落伞制动系统、毒刺飞弹和全方向雷达系统。

实际在影片中，Z3的风头被阿斯顿·马丁DB5抢走了。邦德驾驶阿斯顿·马丁行进在蒙特卡洛附近，克塞尼娅·奥纳托开着法拉利355 GTS和他并驾齐驱。很快，一场追逐戏拉开了序幕。这辆法拉利是制片方借来的，在追逐过程中，它受到严重损伤。法拉利公司表示，只要能让法拉利在追逐中获胜，他们就不会向EON制片公司索要赔偿。于是，邦德输掉了“比赛”——名正言顺。

轿车登场

到了《007之明日帝国》，跑车的身影不复存在。邦德的座驾变成宝马750iL轿车，对他来说，这算是新鲜事物。和他以往的汽车一样，它拥有精良的武器装备。而且，邦德可以通过手机里的隐藏面板来远程控制它。手机上的屏幕还可以显示车前窗外的情况。这辆汽车的发动机排量为5.4升，最高速度为249千米/时，是当时动力性能最好的邦德汽车。

汽车的天窗上装有12枚热追踪导弹。它具有防盗系统，能让车身固定不动，还可以对入侵者施以强力电击。它还有一个链条切割器，在追逐过程中，它曾被一根挂在前方的电缆拦住了去路，此时隐藏在标志下面的切割器就派上了用场。此外，它还拥有烟幕和催泪瓦斯装置、可自动充气的轮胎、防弹玻璃和车身。汽车后备箱里还有长钉，可以用于对付后方的追击者——实际效果的确不错。

终极座驾

在《007之黑日危机》中，邦德换上了宝马Z8，它比750iL更加强大。而且，重新坐回跑车对他来说也是顺理成章的事。它有一个5升V8发动机，功率为400马力，最高速度为249千米/时，0到97千米/时的加速时间为4.4秒。

Z8装有防弹挡风玻璃和装甲钢板，而且配备了两枚毒刺导弹。它拥有导航系统和激光器，可以监听附近车辆或建筑物中的谈话。不过最有趣的是，它可以被远程操控。邦德通过藏在点火开关里的装置遥控Z8来接自己。在影片中，这辆Z8被直升机上的巨型锯子切成两半。真是浪费了一辆这么漂亮的车。

后来，邦德发射导弹击中了一架袭击他的直升机，在一定程度上也算报了仇。

《007之择日而亡》中的汽车

《007之择日而亡》中出现了三辆不同的汽车，而这次的邦德汽车甚至胜过以往所有座驾。继宝马车出演了几部电影后，阿斯顿·马丁重新回归。这次是2002款的V12 Vanquish，它配备了5.9升发动机，在转速为6500转/分时功率可达460马力。它的最高速度为306千米/时，0到97千米/时的加速时间为4.6秒。

车上装备的武器有藏在前格栅后面的导弹，装在引擎盖上的自动瞄准机枪以及进气口下方的机枪。和《007之金手指》中的DB5一样，它也有一个弹射座椅。为了能在冰面上平稳行驶，它的轮胎上装有可伸缩的尖钉。它还有一个有趣的新功能——隐形。我不确定他们在“现实中”如何实现这一点——肯定是用了什么巧妙的办法。

邦德的阿斯顿·马丁并不是唯一配备了武器的汽车。反派赵的捷豹XKR同样装备精良。它有八个气缸和一个3.9升的发动机，在转速为6150转/分时，功率可达370马力，最高速度为249千米/时。车上有加特林机枪、导弹、火箭弹、鱼枪，后备箱里还有迫击炮。电影中最重要的一场动作戏就是两辆汽车在冰封湖面上的追击大战。

影片中还出现了一辆福特雷鸟。金克丝驾驶雷鸟来到冰岛的冰宫。它没有配备额外的武器，不过有一个3.9升的发动机，在转速为6100转/分时，功率可达252马力。

其他汽车

为了完整起见，我还要简单提一下邦德电影中的其他汽车。虽然它们不是主角，但同样十分有趣。想必大家都还记得金手指那辆黑黄相间的劳斯莱斯，他用熔化车身的办法向国外走私黄金。这是1937年的车型，配备了7.3升V12发动机，因此它在动力方面毫不逊色。邦德一路跟踪它来到瑞士，眼看着金手指的机械师将它拆解。

《007之金枪人》中出现过两辆特别有意思的车。其中一辆汽车本身平平无奇，但它却能变成飞机飞走。在影片中，邦德追赶开着AMC的斯卡拉孟加冲进了一个棚子。当它从棚子另一头出来的时候，竟然长出“翅膀”飞上天空。他开着“汽车”飞回了私人小岛，留下邦德在原地目瞪口呆。不过，邦德很快就找到了他的藏身地，并驾驶水上飞机前往那里。

影片中的另一辆汽车也是AMC，而且同样没有什么特别之处。但是，它却完成了邦德电影中最惊人的一次特技。它做了一个360度的桶式翻滚。只可惜这一幕发生得实在太快，还没来得及让人看清楚就结束了。

遗憾的是，我最喜欢的汽车几乎在邦德电影中没怎么露过面。雪佛兰科尔维特只在《007之雷霆杀机》中有过短暂亮相。邦德在旧金山佐林的管道上偷听，撞见了克格勃特工波拉·伊万诺娃，他们开着科尔维特去了一家中式温泉屋。这辆科尔维特有一个V8的5.7升发动机，在转速为4300转/分时，功率可达205马力，最高速度为220千米/时，0到97千米/时加速时间为7.1秒。

就连大众甲壳虫都有机会在影片中登场。我知道……你们不少人都是大众汽车的粉丝，所以不要误会我。我丝毫没有想要贬低它的意思。这是一款了不起的汽车。它出现在电影《007之八爪女》中。邦德搭乘一对德国夫妇驾驶的顺风车就是甲壳虫。顺便一提，它有一个1.6升的发动机，功率为50马力，最高速度为129千米/时。我们很难将它和邦德驾驶的跑车相提并论，尽管如此，它仍然是一辆上等好车。

最后我还想提一句，金克丝的座驾也不是邦德电影中唯一出现过的雷鸟。《007之金刚钻》中有一辆1970年的雷鸟，由反派温特和基特驾驶。它有一个7升的V8发动机，功率为51马力。

其他交通工具

当然，汽车并不是邦德电影中唯一的交通工具。摩托车也是影片里的常客。令人印象最深的摩托车要数《007之明日帝国》中的宝马R1299。邦德和林慧骑着它在西贡（如今的胡志明市）的街道上飞驰。他俩的手被铐在一起，于是便分工合作，林慧操作离合器，邦德负责驾驶和加速。他们驾驶摩托车从直升机上方越过的那一瞬间可谓相当惊险。

在《007之霹雳弹》中，幽灵党的执行部门负责人菲奥娜骑过一辆摩托车，BSA 650cc Lightning。它上面装有火箭弹。在拍摄火箭弹发射那一幕时，现场差点发生事故。特技演员鲍勃·西蒙斯（Bob Simons）在前方驾驶汽车，后方的摩托车向他发射火箭弹。为了营造爆炸效果，制片方不但用的是货真价实的火箭弹，而且还在汽车后备箱里装满炸药。然而，第一次拍摄就出了问题，火箭弹穿透了西蒙斯的防护服，导致他不得不立即退场。所幸第二次拍摄一切顺利。另外，《007之最高机密》和《007之黄金眼》中也用到过摩托车。

说到摩托车，就不得不提到《007之金刚钻》里的“登月车”。在拉斯维加斯附近的沙漠地带，邦德从怀特的守卫手中逃脱，在经过一个宇航员训练场时，他抢走了一辆登月车。一群汽车对邦德穷追不舍，但是在沙丘上它们根本不是登月车的对手，邦德很快就甩掉了它们。

最奇特的“交通工具”大概要数《007之杀人执照》中的大型油罐车了。桑切斯带着他的肯沃斯油罐车车队从实验室出发，邦德决心要阻止他。后来，多辆油罐车坠毁，连环上演了精彩的动作戏。

最后，我要来说说邦德驾驶过的最让人意想不到交通工具——在圣彼得堡，他从俄罗斯人那里“借”来一辆坦克，满大街追赶反派的汽车。我也不知道他在哪儿学会的开坦克，反正他就是做到了。

第007章　汽车追逐战

既然有了跑车，自然就免不了追车大战。邦德电影中的汽车追逐非常多，几乎每一部里至少都会出现一次扣人心弦的追逐场面。

行驶中的汽车可能会出现转弯、弹起或者翻滚的情况。当汽车跃起时，车内驾驶员会产生失重的感觉；当汽车落回地面时，他又会感受到两到三倍的重力。除了失重和超重，在汽车转弯时，驾驶员还会受到向心力的作用。同样地，驾驶员在减速或加速时也会产生巨大的作用力，前提是他必须系上安全带（如果他没有系，后果可能不堪设想）。

邦德电影中出现过很多惊心动魄的追车大战，我们很难评出哪一幕是最好的。每部电影都有与众不同的特色。就我个人来说，我最喜欢《007之最高机密》中的雪铁龙追逐战。因为它不同寻常，而且参战的汽车也很“特别”。这场戏总是能带给我无穷的欢乐。

我不敢说自己也曾有过电影中那样刺激（或者说吓人）的飙车体验，但是有一次搭车经历确实令我记忆犹新。上高中的时候，有一天我搭了一个人的便车。那家伙名叫汉克，我之前并不认识他。当我看到他那辆破旧的半吨卡车时，内心有些忐忑。尽管如此，我还是硬着头皮坐上了副驾驶座。可还没等我坐稳，他就开着车“起飞”了。说它“起飞”真的毫不夸张。路面崎岖不平，他就这样颠簸着“飞行”。按说我平时也经常开快车，但这已经超出了我的承受范围。

我当时肯定脸色发白，而且他也注意到了，因为他看了我一眼，说：“别害怕，我在这条路上开过几十次了。”

我震惊得说不出话来。真正令我担心的是，这条弯弯曲曲的公路似乎就挨着悬崖边。我不停地朝窗户外瞅，感觉悬崖近在咫尺，令人胆战心惊。

突然，汉克将这辆破卡车转向了右边。我简直不敢相信！我敢说我们正在朝着悬崖冲去。我闭上眼睛，还用双手捂住了脸。我感觉自己的胃已经蹦到了嗓子眼。可奇怪的是，我们并没有车毁人亡。在跌跌撞撞了几下之后，我终于有勇气睁开眼睛。这时，我发现我们回到了平地。

汉克看着我，笑了起来。“吓坏了吧。”他若无其事地说。我还沉浸在震惊中，一句话也说不出来。“抄了个近道而已。”他说。

每当我重温雪铁龙的这场追逐戏，尤其是邦德驶离公路冲向“山地”的那一幕，就会想起我和汉克的这段经历。

汽车追逐的物理学原理

在汽车追逐中，驾驶员会受到多个力的作用。力是我们物理学研究的一个主要对象。加速的同时就会产生力的作用，前面我们说过，加速度的单位是米/秒^2。不过，你应该经常听到有人用“多少个g”来表示它。宇航员和赛车手非常清楚自己在某一时刻承受多少个g。这是他们的必修课。因为如果他们受到过多的g，就会出现眼前发黑的状况，这显然不是什么好事。

1个g的大小是9.8米/秒^2，当你以1个g的加速度加速或减速时，身体所承受的作用力就等于你自身的重力。如果你的体重是70千克（即686牛大小的重力，下同），那么2个g的力就相当于140千克（1372牛），3个g相当于210千克（2058牛），以此类推。可以想象，试图举起210千克的物体是非常困难的。

那么，正常人最多能承受多少个g呢？答案是大约9个，而且只能坚持几秒钟。喷气机飞行员在急转弯时偶尔会遇到这么大的力，因此他们知道必须要多加小心。

发生车祸时，人们往往会受到极大的作用力。这种力带来的后果非常严重，以至于大多数人在这类车祸中难以幸存。人类已知能承受的最大作用力是86个g，而且最多坚持零点几秒。大多数情况下，我们加速或减速时受到的作用力很小——谢天谢地。例如，在乘坐商业客机时，我们受到的力大约为1.5个g；航天飞机在起飞时产生的作用力大约也只有3个g。

不过，我们更在意的是汽车转弯时产生的作用力。我们都知道，汽车转弯时会存在一个向外作用的力，有人说它是向心力，有人认为它是离心力。那么它到底是哪种力呢？让我们一起看看它们的区别。

先来看一个简单的例子：用一根绳子拉着小球在空中做圆周运动（图42）。表面上看，似乎有两个力参与其中：一个是向外拉动绳子和你手臂的力（假设你是拉着它旋转的人）；另一个是向内拉着小球让它转圈的力。向外的力通常叫作离心力，而向内的力叫作向心力。它们看起来大小相等，方向相反。这似乎是说得通的，因为牛顿第三定律告诉我们，每一个作用力都有相等的反作用力。但是，如果离心力是朝外作用的，那么当绳子被切断时，小球就应该“向外”飞走。然而事实并非如此；小球会沿着它圆周轨迹的切线方向飞出。所以，这种解释是错误的。让我们重新看看这个问题。首先我们知道，牛顿第三定律只适用于惯性系，而上面的系统是非惯性系。其次，如果这两个力大小相等，方向相反，那么它们就会相互抵消，也就不会产生运动——但实际上小球的确在运动。这就告诉我们，向外的“离心力”其实是一个

“虚拟的力”。换句话说，它并非真实存在。

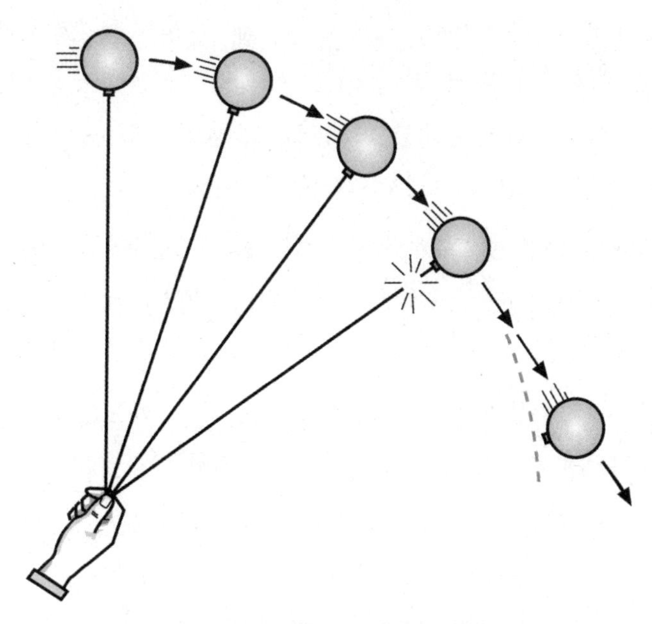

图42　用一根绳子拉着小球在空中做圆周运动。
小球受到一个指向圆心的向心力

不过，在某种情况下，离心力是有意义的。对于球和绳子来说，我们是“外部”的观察者。本质上讲，我们在从外部观察这个系统。这时，离心力就是虚拟的力。但是，如果我们跳到球上和它一起运动，离心力就是有意义的。

好了，关于这两个力的区别我们就说到这里。现在回到向心力的问题。当汽车以速度 v 沿半径为 R 的曲线做运动时，加速度（a）可以用公式表示为

$$a = v^2/R$$

将计算结果除以9.8，我们就可以得到它对应的g的个数；另外，如果将“千米/时”换算成“米/秒”，需要乘以转换系数5/18。假设汽车以100千米/时（28米/秒）的速度转过半径为30米的弯道，通过上述公式可以算出，加速度是2.67个g，这是相当大的作用力。当半径减小至15米时，加速度是5.34个g，此时人会感到非常难受。不过请注意，到目前为止我们忽略了一个因素——汽车轮胎的牵引力。对轮胎施加多少个g的作用力能让它发生侧滑？事实证明，大约只要1个g。因此，在汽车转弯的情况下谈论g的个数意义不大。因为还没等作用力达到很多个g的时候，车就已经发生侧滑了。

侧滑取决于轮胎的牵引力，针对这个问题我想多讲两句。牵引力衡量的是轮胎对地面的附着能力，它取决于轮胎的接触面，也就是轮胎与路面接触的椭圆形区域（图43）。虽然接触面的位置在不断变化，但它的大小和形状基本相同。

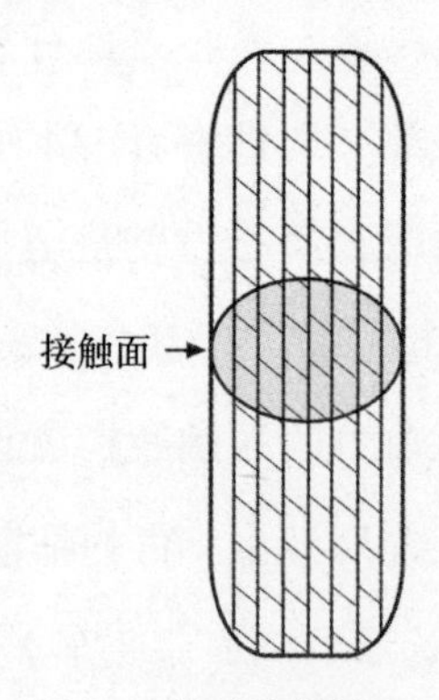

图43　轮胎的接触面

那么，怎样判断轮胎会在何时出现侧滑呢？我们利用下面的式子

$$F \leqslant \mu W$$

其中，F是轮胎的牵引力，W是作用于轮胎的重力，μ是摩擦系数。当不等号（$\leqslant$）取等号时，轮胎就会发生侧滑，也就是

$$F = \mu W$$

我们知道，$W = mg$，所以$F = ma = \mu mg$。消去等式两端的m后，我们就得到侧滑时的加速度

$$a = \mu g$$

注意，它与作用于轮胎的重力无关，这个结果让人有些意外。在实际情况中，它还会受其他因素的影响，而且重力对它也会产生些许作用。

摩擦系数μ的取值范围在0到1之间。对于光滑冰面上的物体来说，μ的值接近于零；而对于在干燥路面上行驶的优质轮胎，它的μ值接近0.9。为了方便起见，我们让μ近似为1，于是便得出结论，在大约1个g的作用力下，轮胎会发生侧滑。了解这些之后，我们再来认识一下摩擦圆。

如图44所示，我们以轮胎附着力的极限为半径画一个圆，圆内表示车轮与地面的摩擦力，箭头代表加速度，圆外则代表汽车会发生侧滑。在汽车不转弯的情况下，为了保证不出现侧滑，我们可用于加速或减速（刹车）的附着力最高为1个g。但是在同样的加速度下，只要汽车转弯就会发生侧滑。类

似的，在汽车不加速或减速的情况下，我们可用于转弯的附着力最高也是1个g。

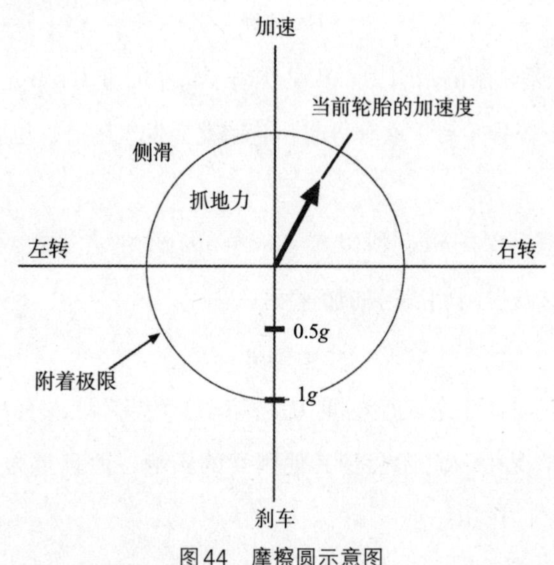

图44　摩擦圆示意图

侧滑容易引发事故，会让我们失去对汽车的控制。但是，一定程度的侧滑也会带来好处，因为此时会有更多的轮胎面与路面接触，增加了有效接触面积。

减速、加速和转弯还会对汽车产生另一个重要影响：它们会重新分配汽车的重量。换句话说，它们会引起车身重量分配不均衡。假设最初（静止时）汽车重量均匀地分布在前后轴上。当然，我们这里是为了简化问题，实际的情况未必如此。当汽车加速时，车身重量就会向汽车后部转移，此时后轴所承受的重量将超过汽车自重的一半。例如，假设汽车重量为1500千克力，在静止状态下，前轴和后轴分别承担了750千克力的重量。汽车加速时，有250千克力的重量会转移到后轴上。也就是说，此时后轴承担的重量为1000千克力，前轴为500千克力。

这会带来什么问题呢？简单来说，它会影响汽车的转向。前轴上的重量减少，很可能会造成汽车转向不足。而后轴上的重量增加，会使后轮制动更加有效。

减速也会出现类似的情况。此时，更多的重量被转移到了前轴。假设减速时有250千克力重量移向了前轴。于是前轴上的重量为1000千克力，后轴为500千克力。这同样会严重影响汽车的转向（容易引起转向过度），而且制动也可能受到轻微影响。

转弯时我们也会碰到类似的问题。此时的作用力是向心力。在快速转弯时，我们最担心的事情就是发生翻车——追车过程中十分常见。汽车在转弯时受到的向心力容易引起车身侧倾。这个“侧倾力”通常会被路面和轮胎之间的摩擦力抵消掉。如果汽车拥有良好的悬挂系统，就可以把侧倾控制在最低限度。

但是，如果侧倾力大到一定程度，汽车就会侧翻。我们来看看这种情况。如果汽车侧翻，那么它肯定是绕某个轴进行翻转，我们将这个轴称为侧倾轴。可以算出它的具体位置，计算方法在此略过［详细内容参见我的另一本书《牛顿驾驶学校》(*The Isaac Newton School of Driving*)]。简单说来，我们可以通过悬挂系统来分别确定前后轴的侧倾中心，再将它们连接起来就得到了侧倾轴（图45）。汽车在转弯时会绕这个轴发生侧翻。

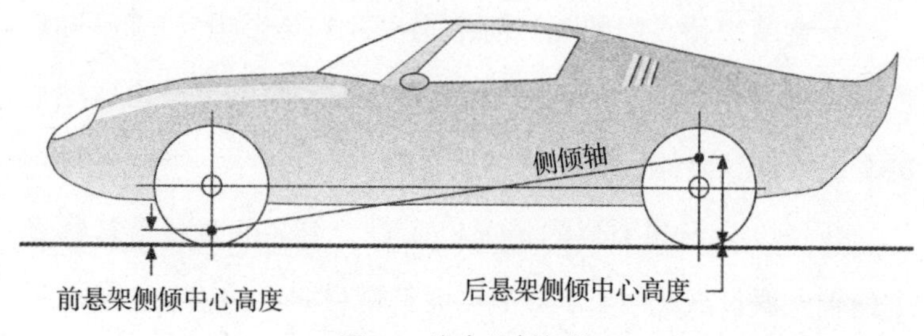

图45　汽车的侧倾轴

汽车之所以发生侧翻，肯定是因为存在一个扭矩或者扭转的作用力。我们已经知道，扭矩是作用力与力臂的乘积。在这种情况下，力臂在哪里呢？为了回答这个问题，我们首先必须找到汽车的重心，也就是汽车的平衡点。换句话说，如果你想用一根强韧的铁丝撑起汽车，那么只有让它作用于汽车重心，才能保持车身平衡。在大多数情况下，我们很难计算出重心的位置，但估算值也已十分准确。

重心之所以如此重要是因为向心力恰好作用于这一点。不难看出，这里确实存在扭矩。其中，力臂是重心与侧倾中心之间的距离（图46），作用力是向心力。为了减小侧倾程度，侧倾轴与重心显然必须尽可能地靠近。特别地，如果它们的位置都非常低的话，汽车侧倾的可能性就会很小。防倾杆也能起到同样的作用。它是一种将汽车左右两侧悬挂连接起来的金属连杆。

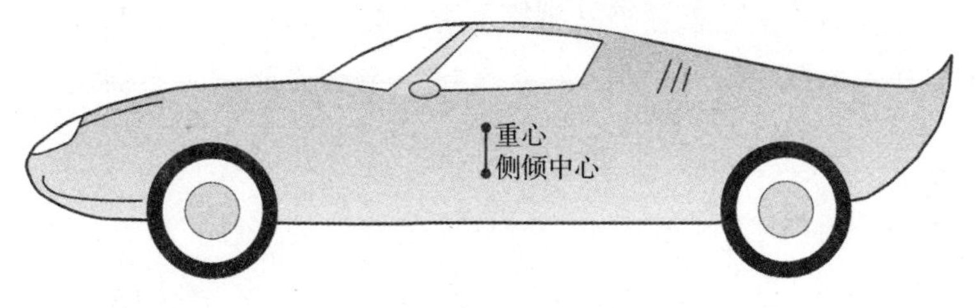

图46　汽车的侧倾中心和重心

现在，让我们回到追车大战。我会一边描述追逐的过程，一边介绍相关的物理学知识。

《007之金手指》中的汽车追逐战

和最近的几部邦德电影相比，《007之金手指》中的动作戏可以说没什么看头，但它仍然是我最喜欢的影片之一。邦德从山上俯瞰金手指的瑞士工厂，无意间发现了蒂莉，她也在暗中监视金手指（她带着一把步枪，准备为被谋杀的姐姐报仇）。在与邦德的短暂争斗中，蒂莉触发了金手指的警报系统，引起他手下的注意。邦德连忙朝自己的汽车跑去，蒂莉紧随其后，接着汽车追逐大战开始了。邦德利用车上的各种武器牵制追击者：他先放出烟幕，然后喷射浮油。他们甩掉了两辆车，可敌人还是穷追不舍。突然，邦德无路可走——前方是一个悬崖。他升起防弹屏障，朝追击者开火。与此同时，他吩咐蒂莉赶快逃走。就在她跑出去躲避追击时，金手指的助手怪侠朝蒂莉扔出他的“杀人帽”，正好击中了她。

邦德飞奔到她身边查看情况，结果被抓获，并被带往金手指的工厂。奇怪的是，他们竟然允许他开着自己的汽车——他们明明已经见识过这辆车的威力了。为了安全起见，他们让他走在车队中间，但是这样做毫无意义。他们刚进入厂区，邦德就突然转弯，并且按下了弹射座椅的控制开关，将他身边的警卫弹飞了。

追逐战再度上演，而且这次更加扣人心弦。邦德在建筑物之间的窄道上来回穿梭，拼命逃跑。他的挡风玻璃一度被冲锋枪的子弹击中，而持枪者正是之前看守大门的慈祥老妇人。就在他看似快要逃脱时，前方突然出现了明亮的灯光。为了躲开它，他不得不撞上一栋建筑的侧墙。事实上，那是他自己的车灯光。前方有一面大镜子，将他车灯的光反射了回来。

显然，邦德撞到墙后被弹回来。在追逐过程中，他的身体承受了来自几个方向的作用力。他的车也多次出现轮胎打滑的情况，只不过观众的注意力大都被他的武器吸引了。在那个年代，它们确实别出心裁。

拉斯维加斯的追逐战

《007之金刚钻》中也有一场精彩的追逐大战：拉斯维加斯

的警察调动了数十辆警车在大街上追赶邦德和蒂法尼。邦德在车流中不停穿梭，试图甩掉他们，但是很快就被逼进一个停车场。警方打算对他围追堵截，可是他们自己却接连撞在一起。最有趣的一幕是，邦德驾车从一排停放的汽车上方飞过，当警方模仿他飞车的时候却撞了车。后来，邦德和蒂法尼逃进死胡同，不过即便如此，邦德仍然想办法找到了出路。他命令蒂法尼身体侧坐，他将车身倾斜，借助斜坡的力量，仅靠一侧的两个车轮冲出了窄巷。不过，这一幕其实穿帮了。仔细观察你就会发现，汽车进巷子的时候是向右倾斜的，但是出巷子时却变成向左倾斜。事实上，这场戏是分别在两个地方拍摄的；开始是在拉斯维加斯，后来在伦敦。显然，制片方在拍摄时有点“健忘”了。

这场戏中也有几个非常精彩的特技镜头，我们可以从物理学的角度来理解它们。像影片里那样倾斜车身、依靠两个车轮行驶需要较大的扭矩，因此必须借助斜坡的力量。这辆车少说也有1500千克重，所需扭矩应该是11201牛·米，所以邦德和蒂法尼的体重对于车身倾斜没有多大帮助。顺便一提，为了拍摄这场戏，制片方一共准备了53辆汽车；其中有24辆车彻底损毁。真可惜呀。

桶式翻滚

邦德系列里最壮观的一场汽车特技出自《007之金枪

人》。玛丽·古德奈特被锁在斯卡拉孟加的汽车后备箱里，邦德从汽车展销厅抢了一辆车追赶斯卡拉孟加，于是汽车追逐大战开始了。奇怪的是（太奇怪了！），曾在之前邦德电影中出场的警长J. W. 佩珀也在展销厅看车。话说他在曼谷买车做什么？

总之，邦德载着佩珀警长追赶斯卡拉孟加，他们一路来到郊外。此时，斯卡拉孟加正在运河的对岸，邦德必须想办法过去。他看到岸边有一座破旧的小桥，不但桥中间缺失了一段，而且靠近他这一侧的桥面和对面仅剩的桥面都是歪斜的。邦德掉转车头，开始加速，为汽车翻转做准备；神奇的画面出现了，汽车在空中翻转了整整360度，然后稳稳落在桥的对面——这无疑是一场不可思议的特技表演，最重要的是，它没有使用任何特效。

这到底是谁想出来的呢？原来，制片人卡比·布洛柯里在休斯敦的太空巨蛋体育馆看了杰伊·米利根出演的特技电影。他联系上米利根，问他能否在12米宽的水面上完成这个特技。米利根高兴地答应了。但他十分谨慎，先在电脑上计算了跳跃的每一个细节，然后才开始实践。他们精确地算出汽车离开歪斜桥面那一刻所必需的速度和坡道角度。所幸一切都按照计划顺利进行，没有发生意外——大家都松了一口气。

影片的后半部分还有一处好玩的特技镜头，不过这回它是假的。斯卡拉孟加将车开进了一个棚子，当车从另一端出来时，竟然长出了“翅膀”。他开着它在跑道上加速起飞，邦德只能眼睁睁地看他逃走。当时的确存在这种带翅膀的汽车，而且那无疑就是他们灵感的来源。但是，发明人在试飞时因为机翼与车身分离不幸丧命。因此，影片中起飞的只是一个模型。

雪铁龙追逐战

我最喜欢的一场追车大战出自《007之最高机密》。倒不是这场戏有多么紧张刺激，只是因为它实在太好笑了，让人没法拿它当真，所以我才会那么喜欢它。一开始，邦德和梅丽娜从一栋西班牙别墅里逃出来。他们朝邦德的汽车跑去，可是刚到跟前，汽车就突然爆炸了。原来，有几名歹徒想要强行闯入汽车，而邦德在离开前启动了汽车的自毁模式。

“希望你是开车来的。”邦德对梅丽娜说。她确实有车，但是邦德一看到它，就显得有些不安。那是一辆方方正正的小型雪铁龙。梅丽娜跳上驾驶座，两辆黑车很快就追了上来。（好像反派的车总是黑色的。你见过“白色”的反派车吗？）他们一路逃进一个村子，结果却翻了车。在反派追上来之前，当地村民帮他们把车扶正，可是车子依然无法启动，于是村民们帮他们推车。然后，邦德决定换他来驾驶。

反派很快就追了上来，其中一辆黑车还将他们撞离了公路，导致汽车翻滚了好几圈，不过所幸它还是车轮朝地站住了。邦德加速倒车，之后追逐大战再次展开。不过，这次邦德做好了准备。他反复急刹车，成功甩掉其中一辆车。然后，雪铁龙驶离公路，沿着山坡向下行驶。“我还蛮喜欢在乡间开车。”邦德调侃道；他开着雪铁龙从山下公路上一辆黑车的车顶上越过。经过这场追逐大战，雪铁龙已经破烂不堪，不过它最终还是被跌跌撞撞地开走了，而反派的两辆黑车全部报废。

逃往边境

在《007之黎明生机》中也有一场激动人心的追逐战。这次的主角汽车是阿斯顿·马丁V8。邦德和卡拉遭到捷克警察和克格勃特工的追赶，他们决定逃往奥地利边境。一路上他们不断应对各种难以想象的困难。

捷克警察驾车来到邦德的车旁，试图逼他靠边停车。邦德自有办法：他启动了前轮轮毂里的激光器，直接让警车的车身和底盘分了家。在实际操作中，这是很难办到的，不过影片里这一段确实很搞笑。

很快，麻烦接踵而至。捷克警察调动一辆大型卡车拦住了去路。但是，邦德还有别的办法：他摁下一个按钮，朝卡车发射了两枚火箭弹，卡车当场爆炸，邦德驾驶汽车穿过火海。追击者朝他们开枪，不过防弹可是邦德汽车的标配。

接下来的障碍是坦克。坦克朝他开火，但是没有击中。然后，邦德驶向冰封湖面，将车开进了一个废弃的船屋。在船屋的遮蔽下，他驾车穿过湖面，但是这么做并没有骗过追击者。坦克向他开火，但好在他及时脱身。

一辆警车跟着他来到湖边，不过很快就被邦德解决了。他用轮毂盖上的切冰器在警车周围的冰面上切了一圈，让警车落进了冰窟。接着，邦德启动了轮胎上的尖钉，来增加汽车在冰面上的附着力。接下来他要应对的是边境警卫，他们已经恭候他多时了。这里出现了影片中最棒的一场特技。邦德启动汽车尾部的"喷气式辅助装置"，借助斜坡从房子和警卫头顶上飞了过去。但是，汽车在落地时撞到了树，无法继续行驶。邦德和卡拉坐着她的大提琴盒从山上一路滑走了（我觉得这就有点过了）。离开时，邦德按下了车内的自毁按钮，因此当追击者试图靠近它时，就收获了"意外惊喜"。

这场追逐戏涉及了很多物理学知识，例如，切割警车的激光器，还有开车飞越边境警卫。

油罐车

《007之杀人执照》中上演的则是另一种与众不同的追逐战。以往参与追逐的基本都是汽车，而这次登场的是大型油罐车，因此场面的壮观程度可想而知。邦德正在南美伊斯马市的桑切斯实验室，他发现桑切斯通过汽油向美国走私海洛因（他手下的科学家找到一种走私方法，将海洛因溶解在汽油里，随后再提取出来）。实验室被摧毁后，桑切斯及其手下开着几辆满载汽油的油罐车向山下逃跑，邦德决心要阻止他。

帕姆驾驶飞机载着邦德在油罐车队上空低飞，邦德顺势跳到其中一辆车上。他爬进油罐车的驾驶室，迅速干掉司机，抢占了这辆车。另一辆油罐车试图将他逼下公路，结果却适得其反，自己撞上了悬崖。

坐在私人座驾里的桑切斯发现出了乱子，于是加速前进，和几个开着吉普车的手下会合。他们向邦德发射了一枚热追踪导弹。就在导弹飞来的那一刻，邦德操作油罐车朝一侧倾斜，仅靠两个轮子行驶，于是导弹从车下穿过，击中了他身后的油罐车。邦德让油罐车继续保持两个轮子前行，顺势将前方的吉普车轧了个粉碎，还吓走了桑切斯的手下。他们开枪击中邦德油罐车的一个轮胎。当他们朝他冲过来的时候，帕姆开着飞机赶来支援，她像喷洒农药一样朝他们丢过去一大堆沙土。

邦德将油罐车后面的挂车松开，让它沿着山坡下去，撞向下方的油罐车，引起巨大的爆炸。此时，桑切斯在另一辆油罐车上，邦德立即继续追赶。他从后方接近桑切斯的油罐车，然后跳了上去。他打开车上的油罐阀门，任由汽油流向路面。

最惊险的一幕出现了：汽油引燃了后方一辆正在追赶他们的小车，它侧翻冲出了悬崖，险些砸中帕姆的飞机。这时，桑切斯举起导弹发射器，将帕姆的机尾打穿，迫使她降落。在这场戏的最后，邦德和桑切斯展开殊死搏斗。当他们乘坐的油罐车坠毁后，桑切斯举起砍刀准备杀死邦德，眼看他就要得逞。但是，此时的桑切斯浑身沾满汽油，邦德放火点着了他，“壮观”收尾。

这部分主要有两处特技镜头涉及物理学：邦德驾驶油罐车做“后轮支撑”，并且依靠两个侧轮行驶。我们经常看到摩托车表演“后轮支撑车技”，卡车一般是不会这样做的。对于卡车来说，这种动作难度很高，需要精心设计。此外，卡车依靠同侧两个轮子行驶所需要的扭矩很难实现，必须进行精确的计算，而且让它保持平衡尤其困难。影片中的特技表演的确很出彩。

《007之黄金眼》中的下坡追逐

我们再来看看《007之黄金眼》中的追逐戏。驾驶阿斯顿·马丁的邦德与驾驶法拉利的克塞尼娅·奥纳托（雅努斯的杀手）你追我赶。看过前作电影中精彩刺激的油罐车追逐和爆炸场面之后，这场戏不免显得有些平淡，不过也还算有趣。

邦德和军情六处的特工卡罗琳沿着曲折的山路向蒙特卡洛进发（卡罗琳大概在对邦德进行评估）。一辆红色法拉利突然出现在他们身后，并且不断鸣笛。还没等邦德反应过来，法拉利就从他们身旁飞驰而过，驾驶员克塞尼娅·奥纳托挑衅地看了他一眼。

“那是谁？”卡罗琳问道。

“别的女孩。”邦德回答。

邦德迅速踩下油门，卡罗琳递给他一个鄙视的眼神。追逐大战就此展开。邦德超过了法拉利，但克塞尼娅很快再次反超。这时，一辆满载干草垛的拖拉机朝他们迎面开来，使得克塞尼娅的车失控打转，驶离了公路。等她恢复过来后，又追上邦德，于是他们在公路上赛起了车。后来，前方来了一群骑自行车的人，邦德便礼貌性地挥手，示意让她先过。

虽然汽车在弯道上出现了几次有意思的侧滑，但是没有涉及太多物理学知识。

冰上追逐

《007之择日而亡》为观众呈现了另一类追逐戏。这是发生在反派赵和邦德之间的一对一大战，与以往不同的是，赵的车同样拥有精良的武器装备。这场发生在冰面上的追逐勾起了我的回忆。我曾在结冰的路面上开过车，因为车轮打滑，我好几次都是侥幸脱险。我敢拍胸脯向你保证，那真的非常吓人。以七八十千米/时的速度倒着行驶可不好玩，虽说我这么干过好几回。

一开始，邦德将汽车隐形起来（我不知道他们是怎么做到的），然而这么做没有用。赵有一个红外探测器，能够看到汽车散发的热量。赵向邦德的汽车发射了一枚导弹，直接将它打得四轮朝天。邦德依靠车顶滑行了一段距离，不过他并没有因此感到不安。他打开车顶天窗，利用弹射座椅将车身重新翻转过来，然后继续追赶赵。

邦德不光惦记着追车。当他得知金克丝（女主角）的处境非常危险后，就放弃了追车，转而前往冰宫救人。他撞开冰宫的墙壁，于是追逐大战继续上演。赵依旧对他穷追不舍，邦德在冰宫狭窄的走廊上曲折穿梭，最后他救出金克丝并干掉了赵。

当然，邦德电影中精彩的追车大战远不止这些。值得一提的还有《007之明日帝国》中的摩托车追逐战和《007之黄金眼》中的坦克追逐战。这两场戏同样非常震撼。

第008章　邦德在太空

1977年，电影《星球大战》上映。差不多在同一时间，《007之海底城》也上映了。两部电影都收获了不错的票房和口碑，但《星球大战》更受欢迎，艾伯特·布洛柯里（邦德电影的制片人）也注意到这一点。他惊讶于《星球大战》的成功，于是决定拍一部太空主题的电影。他原本打算拍摄伊恩·弗莱明的小说《最高机密》（*For Your Eyes Only*），但立刻暂缓了这一计划。弗莱明也写过一本关于太空的书，名叫《太空城》（*Moonraker*），虽说它的内容有些过时，但布洛柯里自信能将它改编得新颖一些（除了最初的几部小说外，制片方几乎都没有按照原著去拍）。最终，影片和原著大相径庭。和《星球大战》相比，弗莱明的故事过于平淡。但细心点你就会发现，《007之太空城》似乎哪里不太对。它和《007之海底城》的剧情简直如出一辙。两部影片里都有一个自大的反派，想要统治并改变世界。尽管如此，《007之太空城》

仍然取得了巨大的成功。影评人不看好它，但是观众买账。

在《星球大战》和《007之太空城》上映时，太空竞赛[①]已经持续多年了，对此我印象很深。那是20世纪50年代，和许多孩子一样，我对火箭十分着迷，期待有朝一日人类能向太空发射卫星（可能这就是我踏入物理学领域的原因）。但是，当第一颗卫星于1957年被送入轨道时，我和所有人一样震惊。很难想象，一颗小小的卫星正在轨道上绕着地球转动。当然，震惊的一部分原因还在于这颗卫星不是美国发射的，它是由俄罗斯送入太空的。这颗卫星名叫"伴侣号"，它的名字很快就刻进了每个美国人的心里。它的个头不大，直径只有0.58米，重83.6千克，但它仍然是一颗轨道运行卫星。我记得卫星发射后不久，我"最不喜欢的"教授就向媒体宣称他算出了它的轨道。"哇！"我想，"也许他没那么糟糕。"不过很快你就会知道，计算近似轨道其实并不难。

俄罗斯竟然先于我们将卫星送入轨道，他们是怎么办到的呢？这太让人难以接受了，不用说，政府陷入了恐慌。显然，我们也得做点什么——而且要快！于是，他们立即放出消息：我们将于1957年12月向太空发射卫星。但是，就在我们全力筹备第一次发射时，又传来了一则重磅消息：俄罗斯将第二颗卫星送上了轨道，而且这次的卫星可不小——重达

---

① 太空竞赛（The Space Race）是指美国和苏联在冷战时期为了争夺航天实力的最高地位而展开的竞赛。

507千克，上面还搭载了一位“宇航员”。它不是人类，而是一只狗。尽管如此，它也算是宇航员。这只狗的名字叫莱卡（Laika）。

12月，我们的“先锋号”火箭已经准备就绪。它将在佛罗里达州的卡纳维拉尔角发射升空，来自世界各地的记者都会聚集在那里观看发射。从12月5日起，火箭就进入了倒计时状态。当倒数至零时，发动机点火，“先锋号”火箭缓缓升空。紧接着——在众目睽睽之下——它掉落回平台上，炸成了一团耀眼的橙色火球。整件事变成一场巨大的灾难——也让美国颜面扫地。

所幸我们还有后备计划。几年前，沃纳·冯·布劳恩（Wernher von Braun）及其团队建造了德国V-2火箭，他们一直在研究“丘诺1号”运载火箭。在不到60天的时间里，他们为它搭载了一颗小型卫星“探险者1号”（*Explorer I*），并做好了发射准备。1958年1月31日，倒计时开始。晚上10点48分，火箭从平台升起，消失在茫茫的夜空。美国人松了一口气。这一次发射成功了。

太空物理学

将卫星送入轨道涉及诸多复杂的物理学知识；如果向月球或某颗行星发射火箭，那就更麻烦了。这一切取决于物体的引力场。我们应该如何解决引力场问题呢？首先当然是要充分了解它。实际上，存在两种引力理论——艾萨克·牛顿的理论和阿尔伯特·爱因斯坦的理论，相信你肯定都听说过。牛顿的理论出现得较早，大约有三百年的历史。它告诉我们，宇宙中每一个大质量的物体都会和其他大质量的物体相互吸引，而且引力与它们质量的乘积成正比，与它们之间距离的平方成反比。这句话确实非常拗口。当牛顿第一次将它公之于众时，几乎震惊了所有人。不过，人们很快就意识到这是个天才想法。而且，它并没有看起来那么可怕。我们可以将它写成

$$F = GMm/R^2$$

其中，G是引力常量，它决定了整个宇宙的引力场，M和m分别为两个物体的质量，R是它们之间的距离。通过公式我们可以看出，引力与质量的乘积成正比，与R^2成反比。

和牛顿的理论相比，爱因斯坦的引力理论距离我们更近一些。牛顿认为引力是一种神秘的“超距作用”力，但爱因斯坦不喜欢这种说法，他认为引力是空间的“弯曲”。在大多数人看来，“弯曲”比超距作用力更难理解。我们能看见它吗？它是什么？不，你看不到它，甚至无法将它合理地想象出来。但是，我们可以用数学公式来表述它，这才是最重要的。

事实上，爱因斯坦的理论比牛顿的要准确得多，但这并

不表示牛顿的理论已经过时或者低人一等；它其实相当精确，仅靠牛顿的理论我们就可以算出太空飞行的轨道。那么，爱因斯坦的理论有什么用呢？它可以用于研究整个宇宙以及各种神奇的天体（例如黑洞），这时就能体现出它的优势了。不过，对于计算轨道来说，牛顿的理论已经完全够用。但是千万不要误解，整个计算过程仍然十分复杂，需要借助计算机的力量。事实上，如果没有计算机，人类根本无法实现太空飞行梦。

除了牛顿定律以外，与空间轨道关系最密切的理论要数开普勒定律了。17世纪的德国科学家约翰尼斯·开普勒（Johannes Kepler）提出了三个以他名字命名的定律。它们不但可以用来解释行星的运动，还适用于火箭和卫星在太空中的运行情况。

开普勒第一定律：所有行星绕太阳运行的轨道都是椭圆形，而且太阳处在椭圆轨道的一个焦点上。

椭圆类似于鸡蛋的形状，它可以非常扁长，也可以是圆形的（圆是椭圆的一个特例，下文会详细说明）。例如，地球绕太阳运动的轨道就是椭圆形，而太阳正好位于这个椭圆的一个焦点上。什么是焦点呢？搞清楚这个概念的最好方法就是了解椭圆的画法。我们将一根绳子的两端固定，但是并不把它拉紧。然后，用铅笔撑紧绳子画线，最终得到的就是一个椭圆，而两个固定的点就是它的焦点（图47）。

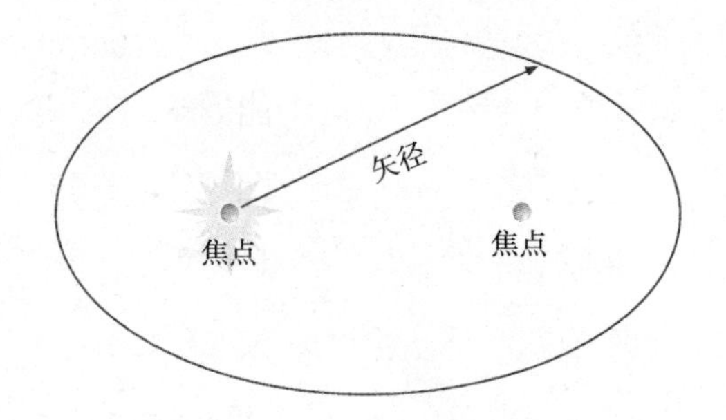

图47　椭圆的两个焦点。太阳就在其中一个焦点上。从一个焦点到椭圆上的距离叫作矢径

开普勒第二定律：行星和太阳的连线在相等的时间间隔内扫过的面积相等。

仔细观察图48我们可以得到一个推论：如果要在相同的时间内扫出相等的面积，那么在靠近太阳时行星会运动得更快。事实上，行星在轨道各处的运行速度并不相同，它的速度是在不断变化的。

开普勒第三定律：行星轨道周期（绕太阳一周的时间）的平方，与它和太阳平均距离的立方成正比（即T^2与R^3成正比）。

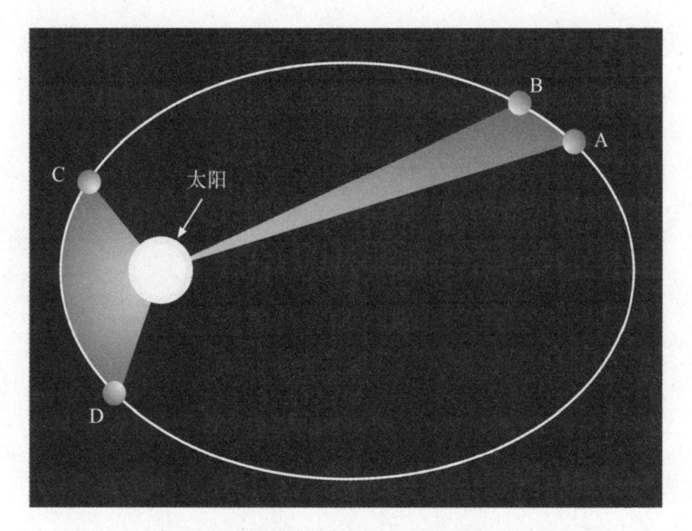

图48　开普勒第二定律。注意，当行星距离太阳更近时，它在相同的时间里走得更远

这三个定律对于确定空间轨道十分有用。当火箭从地球发射升空时，它的运行轨道可能是以下四种类型：圆形、椭圆形、抛物线形和双曲线形。前两种轨道你肯定听说过，对于抛物线和双曲线你可能会感到陌生。为了更好地理解这些曲线的形状，我们可以从不同方向切割一个圆锥体。如图所示（图49），如果切面平行于圆锥底面（a），那么得到的是一个圆形。如果切面与底面呈一定的角度（b），那么得到的是椭圆形。可以看出，当切面倾斜的角度发生变化时，椭圆形的扁度也会有所不同。如果切面与底面相交（c），那么得到的是抛物线；如果切面与底面相垂直（d），那么得到的是双曲线。其中，前两种属于闭合轨道，在这类轨道上，火箭将

围绕地球运行；后两种属于开放轨道，此时火箭会飞入太空。在大多数情况下，火箭的速度都低于逃逸速度（见下一节），它运行的轨道是椭圆形。

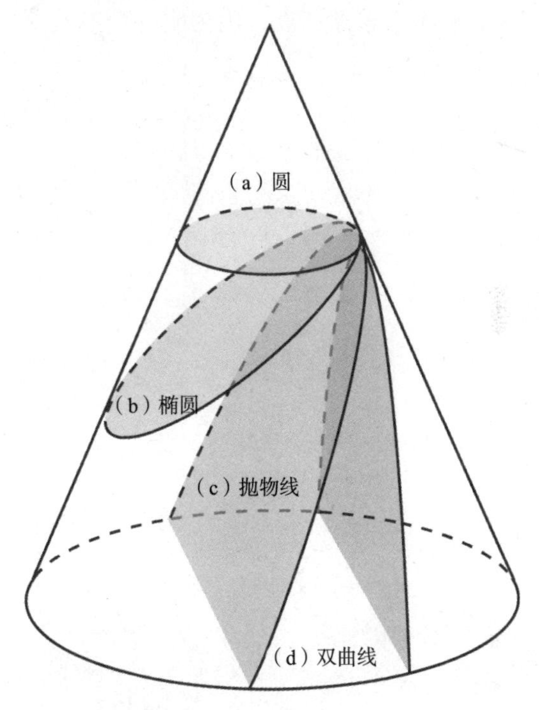

图49　从不同方向切割圆锥体可以得到不同的曲线

逃逸速度

为了将卫星送入轨道，我们首先必须解决如何克服地球引力场的问题。众所周知，如果向上抛出一块石头，那么它上升到一定高度后，就会落回地面。但是，如果我们以足够快的速度将它扔出去，那么它就会彻底摆脱地球引力，飞向太空（图50），这个速度叫作逃逸速度。不过，将卫星送入轨道所需的速度略小于逃逸速度，因为它并没有完全脱离地球的吸引。

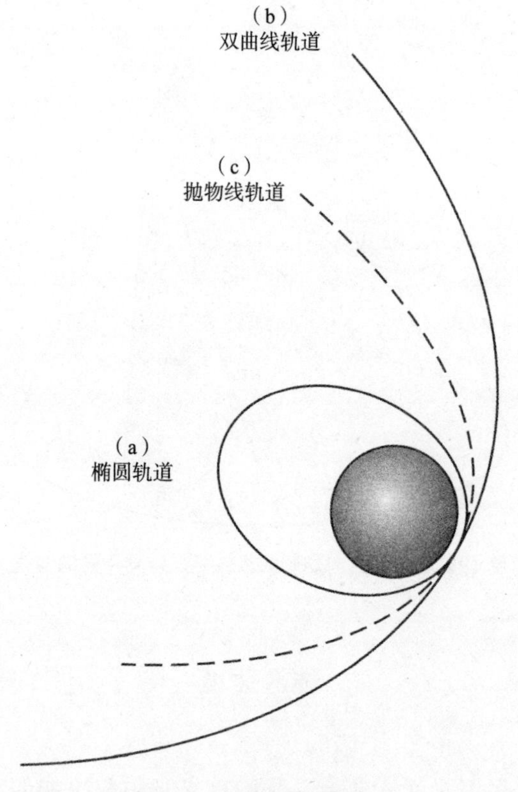

图50　地球附近的轨道。
外面两个属于开放轨道，里面的椭圆形属于封闭轨道

那么，怎样确定逃逸速度呢？这要从空间物体的能量说起。这里涉及两种类型的能量：势能（PE）和动能（KE）。假设大物体（例如地球）与小物体相距为r。小物体的势能是指，外力将它从非常远的地方（基本上是无穷远处）带到与大物体相距为r处所做的功。用数学公式表示就是

$$\mathrm{PE} = -GMm/r$$

其中，m是小物体的质量，M是大物体的质量，G是我们前面提到过的引力常量。（不必在意公式中的负号，这只是一种惯例写法。）

首先我们必须明确一点，能量是守恒的。也就是说，它既不能被创造，也不能被毁灭，它只能从一种形式转化为另一种形式。在航天领域，我们只关注势能和动能。前面我们学习过动能，知道它是与运动有关的能量，表达式为$\frac{1}{2}mv^2$，其中v是物体的速度。既然能量是守恒的，那么它一定保持不变，也就是说KE + PE =常数。将上述公式代入并消去m后，我们得到

$$v^2 = 2GM/r$$

这就是逃逸速度的计算公式，有时它也被称为抛物线速度，因为在这个速度下，物体的运动轨迹是一个抛物线形的开放轨道。代入具体数字，我们便得到地球的逃逸速度为11.2千米/秒。也就是说，想要完全摆脱地球吸引，物体起飞时的速

度就必须达到11.2千米/秒。同样地，之前抛石头的例子也需要这么高的速度，这显然大大超出我们的能力范围。不过在大多数情况下，我们只想将火箭或者卫星送入轨道，因此不必达到这一速度。

下面我要详细介绍一下火箭的发射。在大多数情况下，仅凭单个火箭，卫星很难达到进入轨道所必需的速度。因此，我们通过“分级”来解决这个问题，也就是说，让火箭采取三级推进的模式：从下到上分别为第一级、第二级和第三级。其中，第三级决定了卫星的最终轨道。如图51所示，它将带着卫星进入最终轨道。

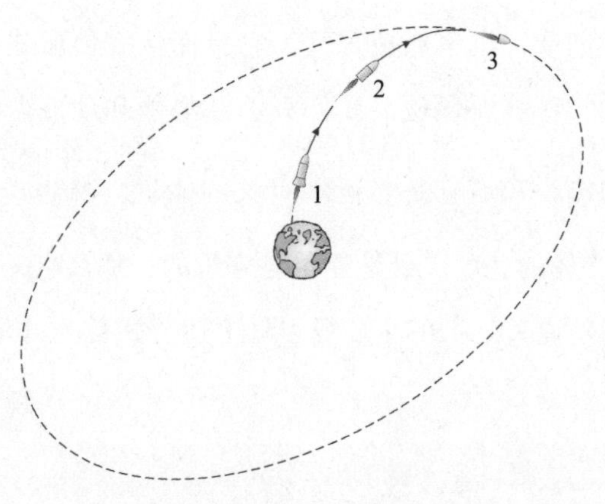

图51　三级火箭。第三级决定卫星的轨道

在大多数情况下，卫星的轨道是椭圆形的。然而，理想轨道的形状应该尽可能趋近圆形。这是因为椭圆形轨道上有一部分距离地球更近。如果这一部分正好处于大气层的外边缘（有时候会这样），那么当卫星经过此处时，就会受到相当大的阻力。这往往会改变卫星轨道，最终导致它坠落。而圆形轨道就可以避免这种问题（或者至少保证卫星所受阻力是均匀的）。

除了轨道的圆度，还有一些特性或者说某些种类的轨道是我们所希望的，比如地球同步轨道。它的轨道周期正好是一天，和地球的旋转周期相当。一般来说，通信卫星会在地球同步轨道上运行。更理想的一种轨道是地球静止轨道，这是垂直于赤道上方的地球同步轨道。在这种轨道上运行的卫星与地面相对静止，就像固定在天上一样，它同样非常适合通信卫星和气象卫星。

但是，让卫星在这样的轨道上维持运行是很难的。问题就在于摄动作用——一种让卫星偏离轨道的微作用力。产生摄动的主要原因是地球并非一个理想球体。由于自转，地球的赤道比两极略微突出。此外，太阳和月球也会引起摄动现象，它们会吸引卫星，而且当卫星靠近它们时，引力还会变得更强。但是，在地月系统中（日地系统同理），有一些点受到的引力是均衡的。也就是说，这些点受到的地球引力与月球引力是相等的。这样的点叫作拉格朗日点，有时候卫星就被放在这些点上。

另一种理想轨道是极地轨道（图52）。极地轨道上的卫星会以垂直于地球自转的方向绕地球运动，因此它会经过南北两极的上空。由于地球在它的下方自转，因此极地轨道能提供最大的能见度，也是扩展观测的理想选择。从这类轨道上，我们可以时不时观察到整个地球的表面。

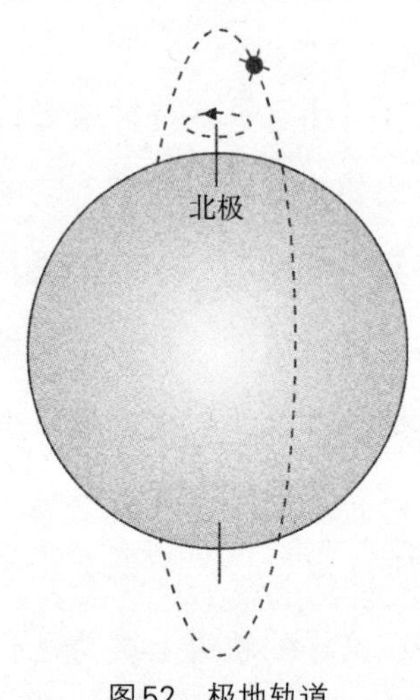

图52　极地轨道

此外，我们还必须考虑发射平台的运动，特别是针对时间较长的太空飞行。对于我们来说，发射平台就是地球，它不仅围着太阳公转，还会绕着地轴自转。或许你觉得这些运动可以忽略不计，那么不妨想象一下：地球正在以大约30千米/秒的速度绕太阳运动，并以465米/秒的速度（赤道上某个点的速度）不停自转。显然，航天工程师必须将它们考虑进去。如果我们沿着地球运动的方向发射火箭，那么就能获得巨大的推力，可以节省大量燃料。也就是说，在向月球或某个行星发射火箭时，我们应该选择最佳的发射时间，即“发射窗口”。

最后我还要补充一点，太空中的火箭大部分时候都在借助惯性飞行。只有在最初的发射阶段以及在太空里改变轨道的时候，它才会需要点火。

火箭与火箭技术

火箭的结构看起来很简单，它就是一个带有尾翼、内部装满燃料的长圆柱体。然而外表总是具有欺骗性，火箭远比我们想象的复杂，而且涉及诸多原理。就连火箭的燃料也是一门高深的学问。火箭的燃料分为两种：固体燃料和液体燃料。最大的设计难点在于它的使用环境是外太空。燃料（其他物质也一样）的燃烧需要氧气，而摆在眼前的问题是太空里没有氧气。因此，我们必须在推进剂中添加氧气。在固体燃料中，氧气和燃料是混合在一起的（燃料通常为氢化物和碳的混合物）。

固体推进剂火箭的结构相对简单。它的主要组成部分有外壳、隔热层、推进剂、喷管和点火装置。对于简易火箭来说，燃料只在火箭尾部的一小块区域里燃烧。但是，如果我们能扩大燃烧区域，就可以让火箭获得更大推力。因此，大多数固体火箭发动机的推进剂都有一个贯穿中心的孔，用于增加燃烧的区域。

那么，我们如何点燃推进剂呢？通常的办法是利用电流点火，让燃料升温直到超过燃点。推进剂中产生的热量和高温气体会被导向火箭下方，从底部的喷管排出。如图53所示，喷管中间有一个收缩处，这样有助于加快气体喷出火箭的速度，以便增加推力。

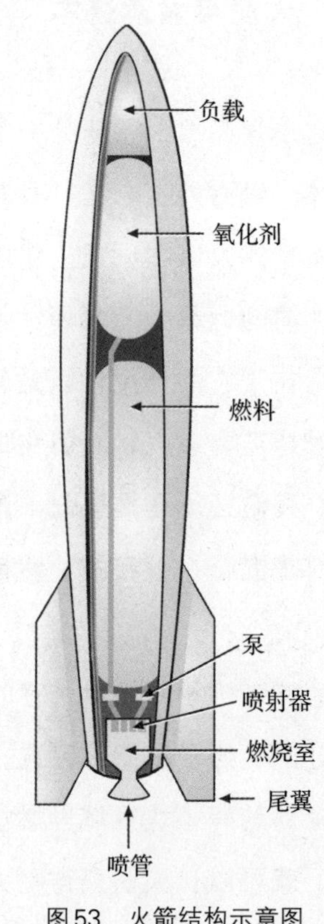

图53　火箭结构示意图

另一种火箭发动机用的是液体推进剂——液氢或者煤油。

1922年，罗伯特·戈达德（Robert Goddard）造出了第一枚液体推进剂火箭。它的发动机结构更加复杂，因为在燃烧以前，推进剂和氧化剂必须被保存在不同的储罐里。当燃料和氧气被送入燃烧室时，它们相互混合并发生反应。燃烧后的气体从下方的喷管喷出。

由于这些气体携带大量的热，因此必须对喷管进行冷却。我们可以让液态氢（温度为−253摄氏度）先在喷管附近循环流动，然后再将它送入燃烧室。

火箭起飞时，我们还会面临另一个问题。火箭在飞行时必须维持自身稳定，如果我们没有提前采取措施，它就无法平稳飞行，甚至还可能在空中失控翻滚，酿成灾难。火箭主要有两种控制系统：主动控制和被动控制。主动控制装置是可拆卸的，被动控制装置是固定的。火箭的质心也很重要，因为所有物体（包括火箭）都是绕着质心翻滚的。例如，抛出一块石头，当它在太空中翻滚时，就是在绕着质心运动。我们已经知道，质心是一个物体的平衡点。例如，尺子的质心就在它的中点处，大约15厘米的地方。对称物体的质心往往很容易通过计算求得，而不规则物体的质心很难算出来。

火箭有三个涉及运动的主轴，它们分别是滚转轴、俯仰轴和偏航轴（图54）。在飞行中，火箭可能会绕其中一个或多个轴旋转或者翻滚。我们允许火箭绕滚转轴的转动，但是要避免它绕其他两个轴的翻滚。对于控制系统来说，压力中心同样也很重要（图55）。只有当火箭周围有空气流动时（气流会导致火箭翻滚），才会存在压力中心。因此，它只对起飞过程有影响，等火箭升入太空后，就无关紧要了。所谓压力中心是指，这一点一侧的表面积与它另一侧的表面积相等。如果火箭下方有尾翼，那么压力中心就会更靠近尾翼一端，因为那里的面积更大。因此，尾翼对于保持平稳飞行来说非常重要。为了获得最佳的稳定性，我们需要让压力中心尽量靠近火箭底部，质心靠近顶部。压力中心和质心之间最好存在一定距离，如果它们靠得太近，火箭就会很不稳定。

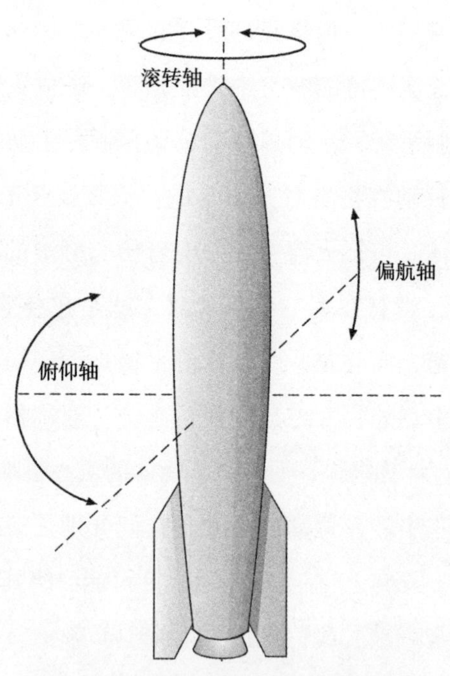

图54　火箭的滚转轴、俯仰轴和偏航轴

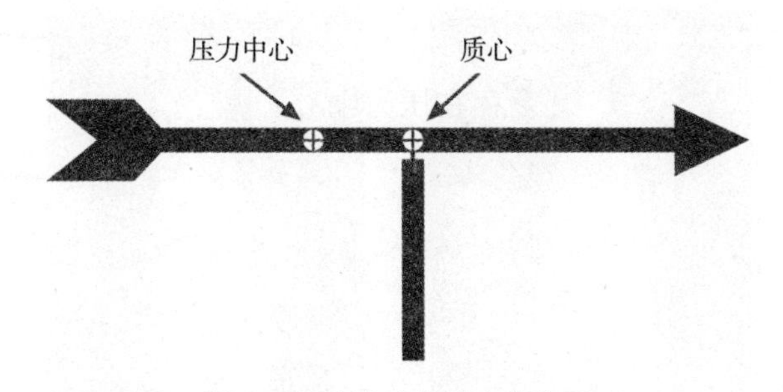

图55　压力中心与质心的位置

我们不但想要火箭在整个飞行过程中保持稳定，还希望能够控制它的方向。毕竟，我们发射火箭的目的就是让它前往指定的地点。这时，我们就要用到主动控制装置（或者可拆卸装置），包括活动尾翼、叶片、万向喷管、微调火箭发动机、燃料点火装置和控制火箭。我们可以通过倾斜火箭内侧的尾翼来偏转气流，进而改变火箭方向；还可以在火箭发动机的排气管中放置叶片，通过倾斜叶片来改变火箭的方向；除此以外，万向喷管也能起到同样的作用（图56）。当高温废气通过时，它可以发生转动。在转至某个方向时，火箭就会朝相反方向前进。微调火箭发动机是一种安装在外侧的小型火箭，可用于改变火箭的空间轨道。

空间飞行需要解决的主要问题是质量。事实上，我们面临一个两难的处境：火箭质量越大，它发射升空所需要的燃料就越多；可是燃料越多，火箭的质量就越大。在实际情况中，燃料大约占了火箭总质量的90%，剩下的4%是发动机和

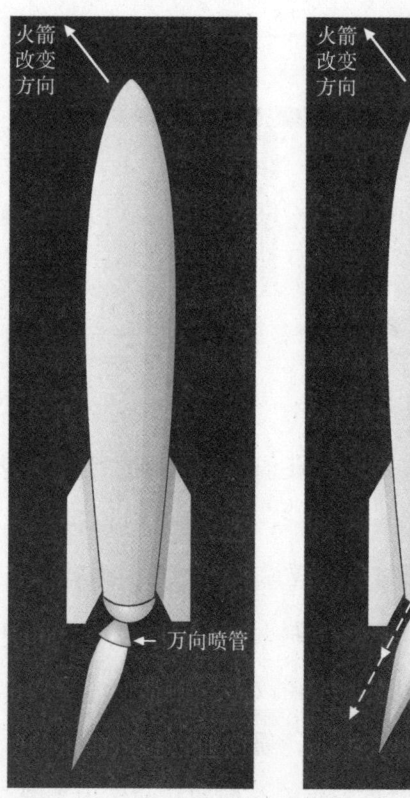

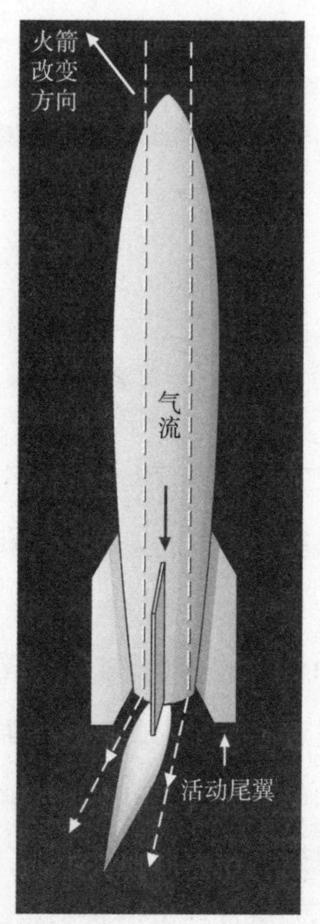

图56　火箭的万向喷管和尾翼，可用于改变飞行方向

外壳，6%是有效负载。航天飞机的情况相对好一些，燃料只占到总质量的82%。

空间站

《007之太空城》中令人印象最深刻的就是德拉克斯那座

雄伟的空间站。不过，它并不是什么新鲜事物。多年以来，太空迷一直在探讨建立空间站的可能性。20世纪60年代末，普林斯顿大学的杰勒德·奥尼尔（Gerard O’Neill）首次提出了切实可行的设计方案。空间站面临的主要问题就是缺少重力，而人的生活离不开重力。奥尼尔的解决办法是让圆筒形的空间站旋转起来，这样一来，空间站内壁就会（通过离心力）产生重力，而且通过适当调整旋转速度，还可以模拟地球的重力。但是，这样产生的重力只存在于空间站的内壁上。几年以前，沃纳·冯·布劳恩曾经考虑过类似的方法，但是没什么进展。

身处太空还会面临其他风险，其中之一就是辐射——尤其是宇宙射线。宇宙射线有可能相当致命，空间站里的人必须能够保护自己免受辐射伤害。此外，空间站还应当足够宽敞，有巨大的能透进阳光的窗户。没有阳光，植物就无法生长。最后，站内的空气和水都必须可以循环使用，这很可能会带来一些问题，具体取决于空间站的规模和人口。

《007之太空城》

影片一开场，一架航天飞机遭到劫持。这架飞机是英国借来的，于是英方派邦德展开调查。他前往洛杉矶拜访航天飞机的制造商雨果·德拉克斯，并在一座华丽的城堡里（看起来像凡尔赛宫）找到了他。邦德很快就发现事情不对。德拉克斯似乎暗地里在计划些什么（每次不都是这样吗？）。

故事的前半部分大都发生在地球上——在威尼斯和里约这种充满异国情调的地方——我就不多做介绍了，因为我们重点关注的是太空和空间飞行。邦德结识了霍利·古海德，她是德拉克斯从NASA借调过来的一名宇航员。不过，邦德很快发现她其实是中情局的特工，被派来渗透和调查德拉克斯的组织。最终，他们决定一起行动。

邦德和古海德追踪德拉克斯来到了南美洲。德拉克斯计划从这里发射多架航天飞机，而这些航天飞机就被他藏在丛林里。古海德和邦德被德拉克斯的手下抓住了（古海德先被抓住），他们被关在航天飞机下面的房间里（这是唯一符合弗莱明原著的一幕）。一旦航天飞机发射起飞，他们就会被"烤熟"。不过，最后他们从通风井里逃走了（书里也是这么写的）。

成功脱逃后，他们干掉了其中一架航天飞机上的两名飞行员，抢占了飞机。刚刚坐进飞机，其他几架航天飞机就发射升空了，当中就有德拉克斯乘坐的那一架。不得不说，影片中的发射过程相当逼真壮观。古海德是宇航员，她自然懂得如何驾驶航天飞机（她其实是中情局的特工，不过我猜她可能在哪里学过驾驶航天飞机的技能）。

这些航天飞机朝着德拉克斯的空间站进发——这一幕也

是影片的一大亮点。可是，那么大的一个空间站，为什么地球上的人都看不见呢？这是因为德拉克斯拥有非常先进的雷达干扰系统，能防止雷达探测到空间站的存在。在实际情况中，它能不能对雷达“隐身”并不重要。它如此庞大，很容易就会被地球上的望远镜观测到，而且它可“干扰”不了望远镜。

邦德和古海德完成对接后便走下飞船进入空间站，显然那里是有重力的。但是，太空原本没有重力，所以只能依靠人为产生，这一直都是我们建设空间站所面临的难题。不过，20世纪60年代末，普林斯顿大学的杰勒德·奥尼尔提出，可以通过让空间站旋转来克服这个困难。德拉克斯的空间站非常壮观——全是设计师的功劳——但是它和奥尼尔的圆筒相去甚远。它的中心是一个巨大的球体，上面伸出许多与对接单元相连的轮辐。按理说，重力是由对接单元的旋转产生的。然而奇怪的是，中心球体的内部竟然像普通建筑一样有楼梯，正常情况下，楼梯应该位于球体的外表面（也就是离心力作用的地方）。

说回电影，邦德和古海德换上制服，混在人群中出席了德拉克斯的演讲，听他公开了自己的计划。他从南美稀有兰花中提取了毒药，打算用它消灭地球上的所有人。然后，他会带着来自地球配种夫妇繁育出的“完美种族”，重新占领地球。这样一来，德拉克斯就可以统治地球。邦德发现，如果他能关闭雷达干扰系统，地球就会立刻发现这里。他闯入控制室，设法关闭了干扰系统。如他所料，地球上的人马上探测到了空间站，并派出航天飞机前来调查。

德拉克斯注意到情况有变，于是马上做好应战的准备。他知道有人在暗中捣鬼。很快，大钢牙抓住了邦德和古海德。邦德急中生智，说服大钢牙相信德拉克斯最终也会干掉他，因为他不属于德拉克斯的“完美种族”。这时，德拉克斯的激光炮瞄准了正在靠近的航天飞机，邦德深知必须采取行动阻止他。他冲向控制室，摁下了紧急制动按钮，空间站停止旋转，重力瞬间消失了。在接下来的几分钟里，空间站里的人都飘在半空中。

德拉克斯派手下和航天飞机里的人展开战斗。接下来，一场精彩的太空大战开始了。航天飞机上的人背着喷气背包加速飞往空间站。战斗的场面非常壮观，激光枪发射出的一道道光在我们眼前不断扫过，不过正如我前面所说，人眼是看不到激光光束的。当然，如果这一幕完全合乎科学，也就没那么震撼了。

接着，战场转移到了空间站内部。不一会儿，空间站就遭到严重破坏，开始土崩瓦解。德拉克斯走向其中一个出口，邦德紧随其后。就在邦德要抓住他时，德拉克斯从地上捡起一把激光枪，对准了邦德。他说：“请允许我除掉你这个眼中钉。”但是，邦德抢先一步用手表发出一枚飞镖，杀死了他。

然后，他把德拉克斯推进气闸舱，并打开了出口的门，说："为人类迈出一大步吧，德拉克斯。"此处邦德是在模仿尼尔·阿姆斯特朗（Neil Armstrong）在第一次踏上月球时说的那句名言。[①]

这时，整个空间站已经四分五裂了。制片方在这里犯了一个几乎所有制片方在类似情况下都会犯的常识性错误：四面八方传来震耳欲聋的轰鸣，每一次爆炸都伴随着巨响。事实上，太空里没有空气，不可能听见响声。

此前，德拉克斯向地球发射了三个装有致命毒气的球体。他原本计划发射二十个，用来消灭地球上的所有人。即使只有三个球体，也会带来巨大的危害。邦德和古海德驾驶航天飞机，打算在球体到达地球之前将它们摧毁。这一幕其实也不太科学。首先，那三个球体老早就被发射出去了，而航天飞机不是喷气式飞机，不可能说追就追得上，除非消耗大量燃料。其次，太空飞行和普通飞行有所不同，我们用的是火箭和制动火箭发动机，通常只能在很短的间隔内点火来改变轨道。不管怎么说，邦德和古海德追上了球体，它们已经接触到地球的外层大气了。他们利用航天飞机上的激光器，接连炸毁两个球体。正当他们准备干掉第三个球体时，它飞进了大气层，并且因为高温开始解体。我其实很想知道，激光

① 他的原话是："这是一个人的一小步，却是人类的一大步。"

到底是怎么解决毒气的？它唯一能做的就是对球体加热，可事实上它们已经够烫的了。就算激光可以让它们解体，但这样一来，毒气还是会扩散进大气层。行吧……说不定高温能破坏这些气体——谁知道呢？

在影片最后，邦德和古海德以一种“不大体面”的状态出现在了众人眼前。他们应该是赤身裸体躺在毯子下面。可是，太空中明明没有重力，按理说毯子会飘起来。我知道……这是科幻片，而且还是邦德电影，对这些不合理的事情我们应该睁一只眼闭一只眼。而且，我也不想争论这些问题，因为《007之太空城》是太空题材的影片，我又是太空和火箭的超级爱好者，所以我非常喜欢这部电影。它的特效十分壮观——不，简直堪称一绝。

其他太空冒险

《007之太空城》并不是唯一一部涉及火箭和太空的邦德电影。第一部《007之诺博士》中就出现过火箭。在位于蟹礁的实验室里，诺博士利用装置对火箭实施干扰。那些从卡纳维拉尔角发射的火箭消失了，它们受到干扰后不幸坠落。

在《007之雷霆谷》中，火箭同样是不可或缺的重要角色。影片一开始，美国的太空舱在地球轨道上运行，一名宇航员出舱行走。突然出现了一架奇怪的火箭，它不断靠近太空舱。它的鼻锥像花瓣一样张开，一下子就将太空舱吞了进去，同时还切断了宇航员的牵引绳，随后它就返回了地球。

邦德后来发现，这架神秘的火箭驶向日本的一座死火山，并且降落在火山上。如果这一幕是真的，那么对于火箭来说简直就是伟大的壮举。影片中还出现了火箭飞船升空起飞的场景。在快结束的时候，幽灵党的飞船张着大嘴，朝一个美国太空舱靠近。幸好邦德及时出手相助——不用想也知道，他摁下控制面板上的按钮，将幽灵党的飞船炸个粉碎。

第009章　核武器与反应堆

咻咻！当怪侠的杀人帽朝邦德的脑袋飞来时，他迅速躲开了。他被铐在一颗原子弹上，没多久它就会爆炸。手铐的钥匙在基希的口袋里，离他只有几步之遥。他能赶在怪侠抓住他之前拿到它吗？

帽子切断了他身后的电源线，整个房间火花四溅。

邦德伸手去够钥匙，而怪侠正顺着楼梯向下飞奔。邦德及时拿到了钥匙。

他解开手铐，可是还没等他逃开，就被怪侠一把抓住，丢到了房间的另一头。

邦德展开反击，可他根本不是这个健硕韩国人的对手。他挣脱束缚，抓起怪侠的帽子朝他扔去。怪侠躲开了，帽子卡在两根金属栏杆之间。怪侠向它走去。

就在怪侠伸手取帽子的时候，邦德看准时机，抓住裸露的电源线，用力将它伸向铁栏杆。

“啊！”怪侠惨叫起来，一阵刺眼的电火花后，倒在金库的地板上。

邦德赶紧转向炸弹。它仍然在嘀嗒作响。他必须想办法拆除它。他用金砖砸开炸弹的外壳，但是却被眼前遍布的电线和装置弄得晕头转向。

炸弹还在不停计时：10，9，8……邦德抓起几根线缆，来回扯动了几下，可计时器仍然没有停下。只剩下几秒钟了！

突然，计时停止了。他环顾四周，中情局特工费利克斯·莱特已经将它关掉了。

哇！真是千钧一发。《007之金手指》的结局简直惊心动魄。而这也是邦德电影的一贯风格。我很好奇，如果炸弹真的爆炸了会怎么样呢？

第一颗原子弹爆炸那年，我还很小，已经记不清自己当时的反应了。不过，我猜我应该是既震惊又畏惧吧。几年之后，我看了一部关于原子弹的纪录片，它对我的影响很大。当时，我没有想过从事科学相关的职业（我在纠结是当飞行员还是汽车设计师），但是它给了我思考的余地。纪录片中探讨了爱因斯坦对于原子弹的贡献以及核裂变的发现过程，不过令我印象最深的还是原子弹爆炸时的慢镜头画面，我真的看呆了。

在接下来几年里，人们又将焦点转移到了氢弹上。每当有威力更大、破坏性更强的氢弹出现，新闻就会立刻跟进报道。美国和俄罗斯竞相制造越来越大的炸弹。很快，两国的炸弹储备都达到了惊人的数量。这些武器足以将地球反复轰炸好几次。我不知道他们为什么需要这么多炸弹，估计是想借此来震慑对方吧。

原子弹和氢弹都是邦德电影中的常客。很多时候，影片并没有明示炸弹的类型，因此在大多数情况下（除非很明显），我都称之为核弹。有意思的是，第一部邦德电影就出现了原子弹，或者说是“减速”的原子弹——反应堆。诺博士利用核反应堆为他的小岛提供能源。

之后的很多邦德电影中都出现过核弹，例如《007之霹雳弹》《007之海底城》《007之八爪女》《007之雷霆杀机》《007之黄金眼》和《007之黑日危机》。毫无疑问，核弹在电影中发挥了重要作用。下面就让我们详细了解一下。

第一枚核弹

核弹是从哪里来的呢？它到底是人为研制出来的超级炸弹，还是像许多发现一样，只是被人们碰巧给找到了呢？推动核弹问世的关键性进展是1905年爱因斯坦提出的著名方程$E = mc^2$。它表示物质和能量之间存在联系，二者本质上是一样的，在适当的条件下，可以相互转化。爱因斯坦当然明白这意味着什么，但他确信人们不会利用这一发现制造超级炸弹——至少在他有生之年不会，他曾多次这样表示。

有了证明这种炸弹可行性的方程和实际制造炸弹是两回事。所幸，将物质转化为能量并没有那么容易（否则人人都有可能在地下室偷偷制造原子弹了），只有某些类型的核反应才能将物质转化为能量。为了搞清楚核反应的原理，我们先来了解一下什么是结合能。每个原子的原子核都是由中子和质子组成的，当它们彼此非常靠近时，就会被一种极强的作用力（即强核力）束缚在一起。虽然这种力的效果很强，但它的作用范围很小。也就是说，它只能在很短的距离内起作用。不过，它并不是原子核内唯一的作用力。我们都知道，质子带正电，因此它们之间会相互排斥。虽然这种力（即电磁力）没有核力那么强，但它的作用不可忽略。

原子核的结合能指的是将原子核内物质束缚在一起的能量（或力）。在大多数原子核中，结合能非常强大，难以破坏（除非在大型加速器中进行碰撞）。但是，原子核越大，它拥有的质子就越多。质子之间的相互排斥会削弱整体的结合力。因此，拥有最多质子的原子核——铀原子核——引起了人们极大的兴趣。而且，1939年的一项实验还表明，它具有一种神奇的性质。

这项实验是由柏林凯撒·威廉研究所的奥托·哈恩（Otto Hahn）和弗里茨·施特拉斯曼（Fritz Strassmann）共同完成的。他们用中子轰击铀原子核。中子非常适合充当“炮弹”，因为它们不带电，不会受到原子核的排斥。令他们没想到的是，轰击后的产物中竟然出现了钡。按理说这是不可能的。钡的质量只有铀的一半，它原子核中的粒子数也只有铀的一半左右。他们重新做了实验，依然在产物中找到了钡。他们并没有搞错。

作为团队的负责人，哈恩束手无策。唯一能帮他解释这一现象的人刚刚离开团队。她叫莉泽·迈特纳（Lise Meitner），几周前逃离了德国。她是犹太人，当时希特勒正在四处抓捕犹太人。这会儿她正在瑞典。哈恩只好给她写信，说明实验结果，并询问她是否清楚原因。

收到信的时候，迈特纳既惊讶又有些困惑。那段时间，她的情绪比较低落，一方面是因为好不容易摆脱了纳粹的追捕，另一方面是因为她身处异国他乡，几乎没有机会从事研究工作。尤其当时临近圣诞节，她感到十分孤独。就在收到这封信的时候，她和外甥奥托·弗里施（Otto Frisch）取得了联系，并计划和他一起过圣诞。弗里施也是一位物理学家，她给他看了这封信。他们一边在雪地里散步，一边谈论信的内容。迈特纳随身带着纸笔，以备不时之需。在接下来的几个小时里，她不停地写写算算。

他们得出的唯一结论是，铀原子核以某种方式分裂成了两半。但是这不太合理。有没有可能是它吸收中子之后变得不稳定了呢？他们开始思考在这种情况下会发生什么。其中一种可能是它会开始摆动，如果确实如此，那么它的形状最终会变得像一个哑铃一样。“哑铃”的两端相互排斥，最终导致它一分为二。迈特纳通过计算很快发现，事实的确如她所料。后来，弗里施将这一现象称为裂变，也就是分裂的意思。

弗里施将这个消息告诉了丹麦物理学家尼尔斯·玻尔，当时他正准备前往美国。玻尔答应保守秘密，直到他们决定将它公开为止。但是，他的助手对保密的事一无所知。他们刚刚停靠纽约，助手就对几个人说了这件事。消息迅速散播开来，很快便传言四起。于是，在华盛顿的物理学会议上，这件事被正式公开。在场的人都感到震惊。其中就包括流亡欧洲的利奥·西拉德（Leo Szilard），多年前他曾与爱因斯坦共事。他马上就想到，如果德国知道这个消息，肯定会用它来制造超级炸弹。他找到同样出席会议的诺贝尔奖得主恩利克·费米，说服他与军方交涉。费米与海军官员进行了会面，但是对方并没有拿他的话当回事。

西拉德非常失望，但他不打算坐以待毙，他知道必须采取行动。他前往长岛拜访了爱因斯坦，他们一致认为，最快速有效的办法就是写信通知总统富兰克林·罗斯福（Franklin Roosevelt）。西拉德亲自执笔，经过几番修改后，爱因斯坦在信上签了字。亚历山大·萨克斯（Alexander Sachs）将信转交给罗斯福，他是少数几个能接触到总统的人。事情的结果是，美国启动了“曼哈顿计划”，并派恩利克·费米担任项目的负责人。制造超级炸弹的第一步是造出一个可控的“减速”炸弹，以此来判断它是否可行。他们在芝加哥大学建成了这座“减速”的核反应堆，并于1942年12月2日进行了测试——结果成功了。核弹是有可能存在的！

现在，他们只要将它造出来就可以了。他们选中新墨西哥州的洛斯阿拉莫斯（Los Alamos）作为设计和研究基地，并召集了一批最优秀的科学家。经过几年的努力，终于解决了所有问题，造出了第一枚核弹。1945年7月16日，在新墨西哥州的阿拉莫戈多附近，他们进行了核试验并取得成功。几周后，美国向日本的广岛和长崎投放了核弹。

爱因斯坦的方程是制造核弹的理论基础。它告诉我们，物质可以转化为能量，核弹就是证明。但是，爱因斯坦本人对核弹的贡献仅此而已。他是一个坚定的和平主义者，反对使用核弹。在听说美国向广岛投下核弹后，他相当震惊。他只说了一句话：“唉，我的天哪！”

设计核弹

下面我们来看看如何制造核弹。大部分生产细节都是保密的，因此我们无法展开介绍，不过它背后的理论大家都很清楚。在这一小节中，我们主要讨论的是原子弹（因此我不再使用“核弹”一词），它的原理相对简单，但制造过程复杂，不过我们不会深究这些问题。我们已经知道，原子弹的理论基础是裂变，也就是原子核的分裂。因此，作为自然界存在的最大原子，铀立即引起了人们的兴趣。铀有两种同位素（原子核所含质子数相同，但是中子数略有不同，大多数元素都有同位素），分别是铀-238和铀-235（数字代表原子核中的粒子总数），但是，只有铀-235能在适当的条件下发生裂变。简单说来就是，用中子轰击铀的原子核，它会发生裂变并吸收中子。

问题在于，铀-235和铀-238的性质几乎完全相同，天然铀矿中同时含有这两种同位素（其中铀-238占99.3%，铀-235占0.7%）。我们需要纯净的或者至少高浓缩的铀-235，因此必须将这两种同位素分离开来。由于它们高度相似，我们无法使用化学方法进行分离，只能采取机械的方式。在实际操作中，我们要用到三种不同的方法才能获得所需的纯度。首先，我们将气态的天然铀送入数千米长的管道。这些管道上散布着很多直径不到百万分之一厘米的孔。当气态的天然铀经过管道时，铀-235会比铀-238更快地通过小孔扩散出来。这样我们就可以收集到它。但仅仅这样是不够的。接着，这些铀会经过一个磁性装置被进一步浓缩，最后再通过离心机进行分离。最终，我们得到的就是高浓缩（未必纯净）的铀-235。

接下来的步骤相对简单，我们需要找到铀的临界质量。为了方便理解，我们假设手中的铀是一个球体，大小和足球差不多。为了让铀原子核发生裂变，我们需要对它发射一个中子。实际上，根本不用这么麻烦，因为铀具有放射性，它本身就能释放中子。我们假设中子轰击铀原子核并使它发生裂变。这一过程会释放能量，还会产生两个以上新的中子，它们反过来又会让其他原子核发生裂变。这些新的裂变又会产生更多中子，引起更多裂变（图57）。这就是链式反应。我们可以认为它是按照“1→2→4→8→16→32→64……”这样的顺序进行的。事实上，我们将整个过程简化了，不过你应该能看懂它的原理。令人惊讶的是，整个链式反应从开始到结束只需要百万分之一秒。

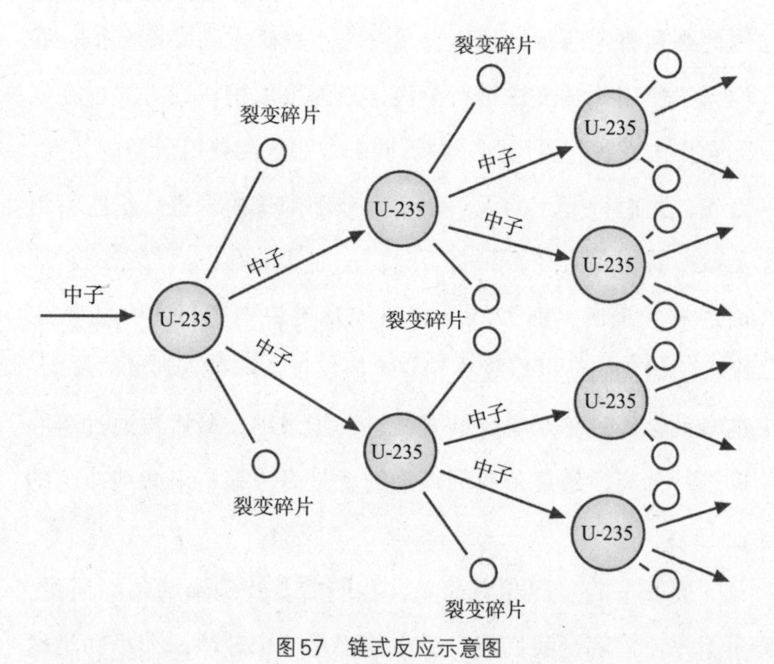

图57　链式反应示意图

我们的目标就是建立这样一个链式反应。让我们先看看反应发生时的情况。它可以自我维持吗？换句话说，它能否一直反应下去直到引发真正的大爆炸？可以，但必须满足适当的条件。首先，如果铀的质量太小，那么多数中子会从表面逃逸，无法引起裂变。如果逃逸的中子太多，炸弹就不会爆炸。在讨论裂变时，科学家会用到一个系数k。当$k=1$时，链式反应可以自我维持下去，但是反应速率不会加快。此时，铀的质量正好达到临界值，所以被称为临界质量。当k略大于1.00时，铀的质量就叫作超临界质量。此时，反应速率将会增加，炸弹会爆炸；另外，当k小于1.00时，铀的质量叫作次临界质量。

这样看来，似乎堆积的铀-235越多，制造的炸弹越大，它的威力也就越强。然而并不是这样。因为还存在另一个问题。假设裂变反应是从铀的中心附近开始的，那么裂变产生的巨大能量几乎瞬间就会将铀炸得粉碎。其实，大部分铀在裂变发生前就会被炸碎。这就是铀质量过大会引发的严重问题。因此，铀的质量是有上限的。

在设计炸弹时，我们一方面要保证充足的铀让裂变反应自我维持，一方面又要避免它的质量过大。必须注意的是，绝对不能对处于临界质量的铀放置不管，因为它会自行裂变，后果不堪设想。所以，我们必须准备两块完全分离的铀，并且确保它们都处于次临界质量状态。我们希望等到时机成熟，再将它们聚集起来。这时，它们就会达到超临界质量，从而顺利引爆。通常我们希望此时的k值大约为2。最后，我们再用中子轰击这个处于超临界质量的铀。

摆在眼前的问题是，如何将两块次临界质量的铀聚集起来达到超临界质量。我们可以采取几种不同的方式。在具体说明以前，我要先介绍一下解决问题的思路——增加铀的密度。如果铀的密度增加一倍，它的临界质量就会降至原来的四分之一。这样一来，次临界质量就变成了临界质量。最好的做法就是压缩或者爆聚。也就是说，在爆炸之前，我们用易爆材料将铀包裹起来，以便对它进行压缩（增加它的密度）。

除了增加铀的密度，我们还可以采用枪式结构，让次临界质量直接达到超临界质量。我们在枪管的两端分别放置两块处于次临界质量的铀，并在它们后面安放炸药。开枪后，这两块铀就会结合起来达到超临界质量，同时还会被压缩。美国向广岛投放的原子弹采用的就是这种引爆方式，不过它也存在缺点。例如，它的体积较大，十分笨重，而且这种压缩方式并没有大幅提升铀的密度。

当然，实现超临界质量的方法不止这些。不过，在继续说明之前我必须声明一点，铀-235不是制造原子弹的唯一材料。从很多方面来讲，钚-239都要更胜一筹。但是，自然界里没有钚-239，我们只能通过核反应堆里的铀-238来生成它。钚-239比铀-235更好用，因为它的放射性没有铀高，也不存在像分离铀-235这样的麻烦。而且，它的临界质量也更小。

遗憾的是，“枪式”结构对钚-239不起作用，不过我们还有别的办法。首先，我们准备32块钚-239，将它们切成45度角的形状。其中，每一块的形状和质量必须完全相同，而且都处于次临界质量状态。我们将它们围成一个圆圈，并在每块后面放置爆炸材料。等到引爆以后，这32块钚-239就会聚集起来达到超临界质量。

一旦放射性材料达到超临界质量，我们就必须用中子来轰击它。实现这一步有几种方法。一种是利用钋-铍中子源。其中，脉冲中子管是最佳的中子源。这时，短暂的高压浪涌会产生一个包含数百万个中子的脉冲，重点是我们可以精确控制这个脉冲。受控是非常重要的，因为我们必须在次临界质量聚集之后立即用中子撞击它们。

关于这个问题我就说这么多。希望我的讲解不会让你感到太过专业。总之，如果一切按计划进行，炸弹就会顺利爆炸。不过，我们仍然有改进的空间。我们可以提高它的效率。要知道，投掷在广岛的原子弹效率只有1.4%（这表示98.6%的铀没有裂变），而投在长崎的钚弹效率也只有17%。

如何才能提高原子弹的效率呢？那就要想办法增加裂变堆芯的约束时间。方法之一我们前面已经说过，也就是增加材料的密度；还有一种方法是在裂变堆芯周围放置致密材料，阻止它快速膨胀。堆芯约束在一起的时间越长，发生裂变的物质就越多。这层材料被称为“阻挡层”，它不仅能将反应物束缚在一起，而且还能将逃逸的中子散射或“反射”回临界质量中。我们也会使用各种“镜面”将中子反射回堆芯。

氢弹

我没法一一分辨邦德电影中出现的核弹里哪些是氢弹，但是《007之黑日危机》中的核专家克里斯玛斯·琼斯提到的一枚氚弹应该是氢弹。既然说到这里，我们不妨聊一聊氢弹。事实上，各个国家储备的核武器都是氢弹。我们已经知道，原子弹的理论基础是核裂变，而氢弹的原理是轻核的聚集，或者说融合。当轻核（例如氢原子核）聚集起来发生融合时，就会释放出能量。这一过程叫作核聚变。所有恒星内部都会发生核聚变，太阳也不例外。

但是，太阳内部的核聚变反应速度极慢，对于制造炸弹没有任何意义。我们需要快速的反应——非常非常快。核聚变涉及的是氢和它的两种同位素：氘和氚。在太阳内部，四个氢原子聚变形成氦，但是这一过程需要经历几百万年，这显然太慢了。我们希望反应能在百万分之一秒或者更短的时间内完成。有几个涉及氘和氚的反应确实很快。可问题是氘和氚非常稀有，我们必须将它们从普通的氢中分离出来。氢可以通过水来生成，但是，大约5000个原子中只有一个是氘，10亿个原子里只有一个是氚。

涉及氘和氚的聚变反应有好几种。比如，氘和氚可以在非常短的时间内直接聚变为氦。但是，氚的生产成本极高：生成1克氚的成本是生成1克钚-239的80倍。还有一种方法是让两个氘原子发生反应。这时，核聚变产生的是一种氦的同位素，而且反应速度也非常快。除此以外还有其他反应方式，在此我们不做过多讨论。

但是，如果没有巨大的能量或热量输入，上述的聚变反应是无法发生的。因此，我们必须提前考虑从哪里获得聚变反应所需的能量。幸运的是，裂变弹爆炸产生的能量足以引起氢及其同位素的聚变。也就是说，我们只要将氘或氚等氢弹材料包裹在原子弹的外面，那么当原子弹爆炸时，这些材料就会融合并释放出更多能量。因此，氢弹并非纯粹的聚变弹，它也有裂变反应（图58）。在实际中，我们使用的是更加巧妙的办法——利用氢弹爆炸产生的高温来引发铀-238裂变。因此，几乎所有现代核弹都是包裹了铀-238外壳的氢弹。[①]

那么，这类炸弹是否像原子弹一样有尺寸方面的限制呢？理论上是没有的，只要燃料充足，那么你想做多大就可以做多

① 这种核弹也叫作氢铀弹，以天然铀作外壳的氢弹，其放能过程分为裂变—聚变—裂变三个阶段，爆炸威力十分巨大。

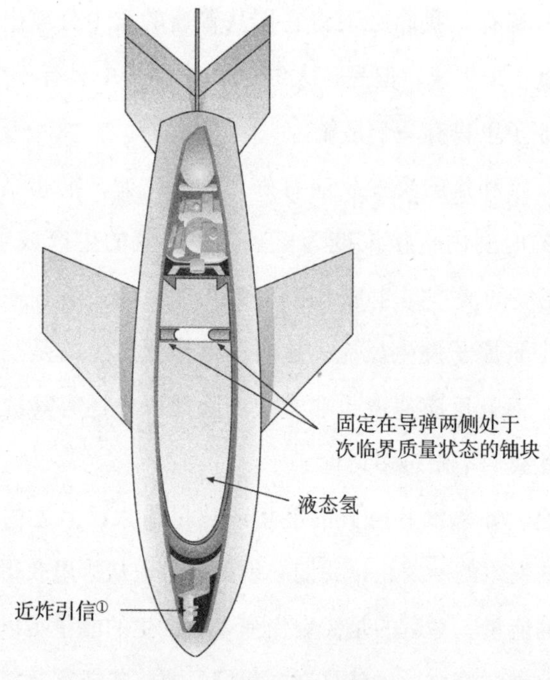

图58　氢弹结构示意图

大。为了对核弹威力有一个感性认识，我们来看看几枚核弹真实的破坏力。投掷在广岛的原子弹当量为1万吨级（相当于1万吨TNT炸药）；投掷在长崎的原子弹和它相当。它们摧毁了爆炸点周围1.6千米的地区，对5千米的范围造成了严重破坏。如果换成100万吨级的炸弹（相当于100万吨TNT炸药），那么遭受严重破坏的区域将扩大至16千米以外；如果是2000万吨级的炸弹，那么危害将扩大至56千米以外，而我们现有

① 感受目标特性或由环境特性感觉其存在而作用的引爆装置。

炸弹的当量甚至不止于此。那么，人类有史以来制造的最大炸弹有多大呢？20世纪50年代，俄罗斯引爆过一枚5000万吨级的炸弹。和它相比，邦德电影中的核弹简直不值一提——尽管有时候影片里并没有说明核弹的威力到底有多大。

可能你还听说过钴弹和中子弹，并且奇怪我为什么迟迟没有提到它们。下面我就要讲一讲这两种炸弹，它们的区别主要在于目的不同。金手指计划用来引爆诺克斯堡的其实就是钴弹。这种炸弹的外壳含有钴，在爆炸时，天然钴会转化为钴-60，而钴-60能够长时间连续释放具有高穿透力的伽马射线。引爆钴弹的主要目的是产生放射性沉降物，让人长期无法靠近爆炸点附近区域。钴-60可以让某一地区至少在五年内不宜居住，幸好没有人制造过这种炸弹。

中子弹属于小型热核炸弹，它只能对一小片区域造成致命打击。大部分氢弹都装有防护罩，用来防止中子大量释出。而中子弹去除了这些防护罩，允许中子自由释放。中子的穿透力比辐射强得多，它甚至能穿透用来阻挡伽马射线的保护层。不过，中子弹的射程不远，因此只能在较小的范围内引起危害。

核爆炸的影响

在邦德电影中，尽管大多数核弹都得以及时拆除，但还是有几颗爆炸了。在《007之黑日危机》中发生过一次地下爆炸，邦德和琼斯博士设法逃过一劫。对于有人能从核爆炸中安全脱身这件事，我持怀疑态度。爆炸产生的火球速度甚至能达到1127千米/时。而且，就算你跑得过火球，也躲不过辐射（它是以光速传播的）的伤害。

《007之黄金眼》中也出现了爆炸场面，不过它是由电磁脉冲引起的。电磁脉冲对建筑物的破坏性很小，它主要用于摧毁电子和电气设备。但是，《007之黄金眼》中的电磁脉冲似乎造成了相当严重的破坏。影片中的电磁脉冲是由“黄金眼”卫星发射的，当然核爆炸同样也能产生电磁脉冲。

核爆炸能量的释放途径主要有四种：爆炸冲击波、热辐射、电离辐射和放射性沉降物。一般来说，大约40%~60%的能量是爆炸冲击波，30%~50%是热辐射，5%是电离辐射，5%~10%是放射性沉降物。确切的比例取决于核武器的类型及其整体能量。

大部分肉眼可见的破坏都是由最初的爆炸冲击波造成的，冲击波的风速甚至能达到每小时数百千米。它带来的主要影响是使周围空气的压力激增。大部分破坏是由这种冲击波和强风引起的。

热辐射没有那么强的破坏力，但它很可能会给爆炸点附近的人带来致命危害。热辐射会引起严重烧伤、灼伤双眼，事实上，爆炸点附近的人会因此失明。如果炸弹威力再猛一些，那么几千米之外的人都有可能失明。

电离辐射的主要成分是伽马射线，不过高能中子（不是辐射）同样会造成极大伤害，但中子很快会被吸收。因此，在距离爆炸点一定的范围内，伽马射线的危险性更强。最后是放射性沉降物。它带来的影响相对滞后，但仍有可能危及生命。大部分放射性沉降物会随着风雨扩散至很远的地方，甚至是数百或数千千米之外。

让我们来看看100万吨级炸弹（当量远不及我们储备的核弹）的威力。一枚100万吨级炸弹爆炸产生的火球能够波及259平方千米的区域（而2000万吨级炸弹产生的火球将波及6475平方千米的范围）。

一枚100万吨级的炸弹爆炸后，爆炸中心方圆16千米内的一切都会瞬间气化。在这个区域里的人根本来不及反应就会丧命。距离爆炸中心16千米范围内的人会立即失明，紧接着还会遭受冲击波的打击。速度超过161千米/时的风暴携带着碎石玻璃和弹片冲向人们，在接下来的几分钟里，他们还会轮番接受伽马射线和冲击波的洗礼。过上一会儿，等爆炸中心的气压降下来以后，又会对周围空气产生吸收作用，附近的人们则会受到来自反向狂风的冲击。此时的爆炸中心犹如地狱一般。

100万吨级的炸弹爆炸还会产生直径16千米、高16千米的云柱，而且它能够持续长达一个小时，久久不散。这种云柱带有放射性，能够将放射性物质释放进高层大气，然后随风扩散数百乃至数千千米。

即使逃过了最初的爆炸冲击波，你的麻烦也远没有结束。几乎没有人能躲得过高剂量的辐射，将来还会患上癌症、白血病或者其他疾病。

这仅仅是一枚炸弹的威力，而我们的核武器储备已经超过了10000枚。我们甚至一度拥有超过40000枚核弹，而俄罗斯和我们的核弹储备量相当。目前真正的危机在于，许多国家已经持有或至少正在建造和储备核武器，中国、法国、以色列、英国、印度和巴基斯坦都有核弹储备，朝鲜好像也有几枚核弹。除此以外，渴望拥有核武器的国家也不少，其中包括埃及、叙利亚、伊朗、韩国等，而且它们最终很可能会如愿以偿。

核反应堆

前面我们说过，核反应堆相当于一个“减速”的核弹。也就是说，它的能量不会一下子全部爆发出来，而是可以加以利用的。全世界有数百个核反应堆在为照明等电力需求提供能源（所以核能也算做了一些好事）。

反应堆的运行原理同样是铀-235或钚-239的裂变，只不过这一过程必须完全可控。为此，我们首先要用到慢化剂。

慢化剂是一种能减缓中子运动速度的材料（图 59）。最好的慢化剂是石墨和重水。减速后的中子在撞击铀或钚的原子核时，更容易引发裂变反应，效率更高。但是，我们希望的不止这些。一旦反应堆开始运转，就必须维持可控状态。我们绝对不能失去对它的控制，否则它和炸弹没什么两样。所以，我们要使用控制棒。它是由吸收中子的材料制成的，最适合的两种材料是镉和硼。

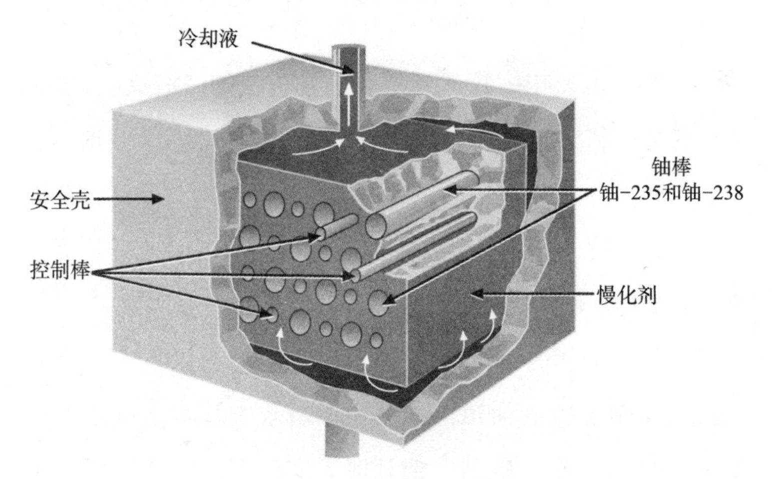

图 59　核反应堆结构图

在反应堆中，我们将铀或钚的核燃料棒放在水或其他慢化剂里，控制棒则被分散置于整个反应堆内。我们通过抽出一根或者多根控制棒来启动反应。通过调整控制棒，可以加快或者减慢反应速度。反应堆里的水既是慢化剂，也是控制堆芯温度的冷却剂，用于防止燃料熔化。反应堆在运行时通常处于高压下，因此水会达到过热状态。过热的水会驱动蒸汽发电机，进而带动涡轮机发电。

实际上，核反应堆的类型有好几种。我们前面讨论的是沸水反应堆，还有一类重要的反应堆是增殖反应堆。它可以让铀-238转化为钚-239，也就是说，它能自己产生核燃料。

电影中的核武器

在邦德电影中，核武器可是非常重要的“演员”。事实上，在第一部《007之诺博士》中就出现了一个核反应堆。它是在影片后半部分登场的。邦德和霍尼·赖德被抓后，邦德逃脱并设法潜入诺博士的实验室，房间中央放置的就是反应堆。它是用水作为慢化剂的。

邦德制服了一名技术人员，换上他的衣服，然后来到反应堆水池上方的通道。诺博士准备攻击从卡纳维拉尔角发射的火箭，并且启动了倒计时。实验室内的几块屏幕上都在播放火箭的画面。邦德等到最后一刻采取行动：他转动反应堆控制面板上的转轮，加快了反应速度，让它失去控制（我不清楚他是怎么知道这个转轮能控制反应速度的，但这不是重点）。

一旁的技术员上前阻止他，但很快就被邦德制服了。反应堆失去控制，警报声响起。实验室里的人全部逃往安全地带，唯独诺博士朝通道上的邦德走去。诺博士用他的机械手攻击邦德，但是被他躲开了。突然，邦德和诺博士一起摔到了通道下方的平台上。这个平台正在慢慢沉入沸腾的水中。邦德成功逃脱，但诺博士被踢回平台，淹没在了沸水中。最后，邦德和霍尼顺利逃走，小岛被炸毁。

影片中有一幕出现了错误：当控制棒插入堆芯时，反应堆变得更热。实际情况应该是，当它们被抽出时，反应堆会变得更热。

前面我们提到过《007之金手指》中的炸弹。我们认为那应该是一枚盐弹或者钴弹，目的是产生大量辐射。金手指希望诺克斯堡的黄金都沾上放射性，这样一来，人们在几年内都无法碰触它们，而他的黄金就会升值。这个计划怪怪的，不过至少比偷黄金更具可行性，毕竟黄金有几百吨重，需要好几周才能被搬空。

在《007之霹雳弹》中，作为关键性线索的原子弹在影片中没怎么露面。幽灵党特工拉尔戈劫持了一架载有两枚核弹的北约轰炸机。他要求提供1亿磅未切割的钻石作为赎金。如果条件得不到满足，他就会将两枚核弹分别投放到两个未指定的城市。邦德被派去寻找核弹，并阻止幽灵党的计划。

出事的轰炸机在巴哈马附近的海域迫降后沉入水底，还被伪装网罩了起来，因此无法从空中被找到。核弹被藏进了一个山洞。在影片最后，拉尔戈和他的蛙人手下进入山洞，用水下碟形船将炸弹运回了他的游艇。

邦德与中情局特工费利克斯·莱特联手。莱特带着一队蛙人伺机行动。邦德查出目标引爆城市是迈阿密，于是用无线电通知莱特。当拉尔戈向迈阿密进发时，被莱特的蛙人小队拦住了去路，一场精彩的水下战斗随之展开。拉尔戈带着其中一枚核弹乘游艇逃跑，但是邦德设法偷偷潜入游艇。最后，拉尔戈被干掉，游艇触礁炸毁，邦德和多米诺及时逃走。

在《007之海底城》中，核弹和核反应堆都是重要的元素。反派斯特龙伯格将俘获的两艘核潜艇藏在超级油轮“里帕鲁斯号”里。核潜艇由核反应堆提供动力，而且还配备了带有核弹头的导弹。在影片最后，两艘核潜艇——它们此时受控于斯特龙伯格的手下——准备离开油轮前往预定位置，分别向美国和苏联发射核导弹。这很有可能引发第三次世界大战。

邦德就在其中一艘核潜艇上，因此他就在“里帕鲁斯号”内部。在两艘潜艇发射导弹之前，他闯进控制室，重新修改了它们的攻击目标。最终，两枚导弹并没有飞向美国和苏联，而是在空中擦肩而过，炸向了对方的潜艇（这个想法源自弗莱明的著作《太空城》）。

《007之八爪女》中也有一枚核弹。反派用火车将它运往西德的美国空军基地费尔德，也就是八爪女马戏团计划演出的地方。和其他邦德电影中的炸弹一样，它看起来就像一个大手提箱，但其威力足以摧毁方圆32千米的地区。邦德穿着猩猩模样的演出服藏在火车上。他看见戈宾达将炸弹的引爆器设置为四小时后爆炸。他还没来得及处理引爆器，就在打斗中摔下了火车，只好搭顺风车前往费尔德。在空军基地里，他遭到警方追捕，于是便假扮成小丑。最后，在仅剩的几秒钟时间里，他解除了炸弹。

《007之雷霆杀机》中也出现过一枚巨大的炸弹，我猜它应该是核弹。反派佐林想要占领世界的微芯片市场。他计划在硅谷地下引爆炸弹，毁掉这个全世界微芯片的主要供应地。由于炸弹的引爆点位于圣安德烈亚斯断层附近，因此爆炸会引发强烈地震。

在《007之黄金眼》中，乌鲁莫夫将军和克塞尼娅·奥纳托乘坐直升机前往西伯利亚北地的武器加工厂。乌鲁莫夫得到了“黄金眼”，克塞尼娅兴奋地抱着机枪向所有人扫射了一通。随后，将军启动“黄金眼”卫星发射电磁脉冲。设定好卫星后，克塞尼娅和将军坐直升机逃走了。然而他们并不知道，躲在柜子里的纳塔利娅·西蒙诺娃居然幸免于难。等他们离开后，她爬出柜子，检查死去同事的尸体。就在她四处环顾的时候，卫星朝基地发射了电磁脉冲，造成严重的破坏。按理说电磁脉冲只会损害电子设备，不应该导致这样的结果。一架被派去调查的米格战斗机也被电磁脉冲击中，在基地坠毁。因此，有一部分破坏是由坠机引起的。最终，整个基地被彻底摧毁。

最后，再来看看《007之黑日危机》中的地下爆炸。我们认为被引爆的应该是一枚原子弹，因为俄罗斯核物理学家克里斯玛斯·琼斯告诉邦德，地下只有钚。她还提到，地面上有氚，可能是由于氢弹爆炸产生的。邦德乘电梯下到试验区，遇见了他的老对手——雷纳德。没过多久，邦德就占据了上风，拿枪指着对方，但局势很快被扭转了过来——邦德成了俘虏。

与此同时，琼斯博士也赶到那里。雷纳德及其手下射杀了所有人，邦德和琼斯赶紧逃命。雷纳德试图将他们封进隧道，却没有成功，因为邦德在门关闭之前跳了出去。一场枪战过后，雷纳德逃脱，并引爆了地下炸弹。

炸弹爆炸了，邦德和琼斯必须立刻逃命。当火球沿着隧道飞速蔓延时，他们设法关闭了身后的隧道门。然后，他们乘电梯回到地面，可是火球依然紧紧跟在他们身后，他们再次勉强逃脱。邦德总是能死里逃生，这是意料之中的事。毕竟，如果少了这些紧张刺激的化险为夷，邦德电影还能这么精彩吗？

第010章　枪械与船只追逐

“你觉得贝雷塔怎么样？”M问Q。

“一把女士枪，先生。”Q说。

邦德皱起了眉头。

“为什么这么说？”M问。

“它没有停止作用[①]……女士们很喜欢。”Q说。

“我不同意，”邦德说，“我已经用了15年了……到现在没有任何问题。”

这段对话出自弗莱明的小说《诺博士》。邦德的贝雷塔手枪打不着火，M坚持要他换一把新枪，Q提议瓦尔特PPK。起初邦德并不情愿，但他很快意识到M是对的，于是在接下来的17部电影中，他用的一直都是PPK（电影中也有类似片段，只不过Q不在场）。

---

① 停止作用（stopping power）是指弹头使敌对者丧失反抗能力的作用。

20世纪30年代初，最早使用9毫米口径瓦尔特PPK手枪的是德国便衣警察。这种枪有一个6发弹匣，小巧扁平，易于掩藏。到了20世纪90年代，它显得有些过时。在《007之明日帝国》中，邦德把手枪弄丢后，林慧给了他一把瓦尔特P99。这把枪更加现代，还拥有一些PPK所没有的特性。和PPK一样，它也是9毫米口径，不过弹匣里可以装填16发子弹。因此，它在满载时比PPK略重（图60）。

图60　邦德的瓦尔特PPK手枪

虽然邦德常用PPK和P99，但他也用过其他的枪。其中有几把是步枪。例如，在《007之俄罗斯之恋》中，他的公文包里就装了一把AR-7狙击步枪，它的枪管、握把、弹匣和伸缩式瞄准镜都可以拆解下来装进枪托里。探员克里姆·贝借用它干掉了保加利亚杀手克里伦库。当克里伦库正准备从暗门逃离藏身之处时，贝射杀了他。后来，邦德用同样的枪击落了一架直升机。

在《007之黎明生机》中，邦德看到女主角卡拉·米洛维用步枪瞄准格奥尔基·科斯柯夫将军，他便开枪将她手中的步枪打掉了。卡拉被吓得“魂飞魄散”（这就是电影名字的由来[①]）。特工桑德斯因为邦德没有干掉她而对他大加指责。“我只杀专业杀手，”邦德说，“那个女孩连枪头枪尾都分不清。”事实证明他是对的，因为他后来发现步枪里装的是空包弹。

在《007之杀人执照》中，邦德在射杀弗朗兹·桑切斯时用到了一把造型别致的枪。然而，最神奇的一把枪出现在《007之黄金眼》中。邦德用它朝西伯利亚的水泥大坝上射进一个带缆绳的岩钉。他顺着缆绳平稳落地，然后用枪里的激光器打开了一扇铁门。

在《007之太空城》中，所有人都用的是激光枪，邦德也不例外。枪口射出的一道道蓝色闪光的确令人印象深刻，但却不合乎科学。在《007之海底城》中，邦德用一把“滑雪杖”枪干掉了阿尼娅的俄罗斯男友（她后来发誓要杀掉邦德）。在后期的几部电影中，邦德还用过各种类型的冲锋枪，不过在此我们不做讨论。

---

① 电影原名 *The Living Daylights*，短语 scare the living daylights out of 是指把某人吓了一大跳。

枪械物理学

说到枪，就一定离不开子弹，所以我们先从子弹说起。相信大部分人都清楚它的工作原理，但我还是要澄清一些误解。子弹的基本成分是火药。当火药被点燃时，就会发生爆炸。爆炸反应从火药的一端开始，零点几秒内就会贯穿火药。反应产生的气体体积大大超过了火药本身。体积的突然暴增会产生巨大的压强，高压推动子弹离开枪管。子弹沿着枪管加速，通常枪管越长（在一定程度上），子弹出膛的速度就越快。因此，子弹出膛的速度取决于子弹里火药的量、弹丸质量和枪管长度。出膛速度的范围大约在305~975米/秒（大威力步枪）之间。虽然增加火药量可以提高子弹的出膛速度，但这个量是有一定上限的：现代枪支只能承受大约483兆帕的压强。我还想说的是，步枪的枪管上有膛线：开枪时，子弹会沿着膛线从枪管旋转射出，这样有助于增加子弹的稳定性。

如何安全地引爆、发射子弹是枪械类武器面临的主要问题。19世纪60年代，阿尔弗雷德·诺贝尔（Alfred Nobel）找到了解决的方法，并被沿用至今。不过，他碰到的问题和子弹无关，但是比较类似。当时的标准炸药（即硝化甘油）灵敏度高，很容易爆炸，但使用和保存都非常不便。诺贝尔发现，将硝化甘油与硅藻土（微小硅藻的硅质遗骸）混合之后，处理起来就会很安全。他将这种新材料命名为甘油炸药。后来，他又发现可以用“雷管”——少量的另一种炸药（叫作底火）——来引爆炸药。子弹在设计时就采用了这一技术。子弹的底部放有少量底火，底火被击铁或撞针引爆后，就会将子弹发射出去。

顺便说一下，我这里所说的火药不一定是指黑火药（一种由硫黄、硝石和木炭组成的最原始的火药）。如今的火药大都用的是硝化纤维或者其他无烟炸药。

到目前为止，我们只讨论了子弹在枪内的运动情况，这通常也被称为内部弹道学。一旦子弹离开枪口，涉及的就是外部弹道学的知识，我将在下一小节进行详细说明。为了完整起见我还要提一下，子弹击中目标后的情况属于终端弹道学，不过这不在本书讨论的范围之内。

外部弹道学

外部弹道学主要研究的是子弹离开枪管后的下落过程。如果我们将瞄具沿枪管（枪膛轴线）对齐，直接对准某个物体射击的话，那么子弹击中的将是目标物体的下方。当然，这是子弹受到重力的缘故。我们无法控制重力，重力作用于一切物体，而且与物体的速度、形状以及它通过的介质无关。任何物体在给定时间里都会下降一定的距离（忽略空气摩擦）。

假设我们用步枪沿水平方向射击，那么子弹需要多久才会落地？一个简单的实验就能告诉我们答案，只不过结果可能会令你吃惊。我们在开枪的同时，将一颗子弹丢到地上，那么两颗子弹将同时落地。

可能你会认为，如果将枪口以一定的角度朝上射击的话，子弹就不会那么快下落。然而并不是这样，它仍然会以同样的速度落下来。一般来说，在忽略空气阻力的情况下，子弹的运动轨迹是一条抛物线（图61）。

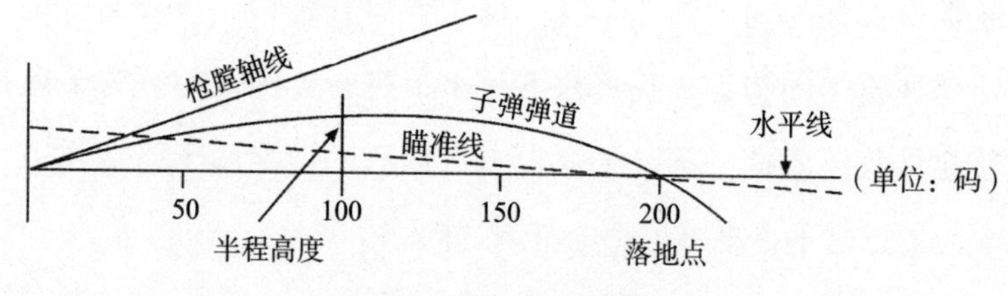

图61　步枪子弹的弹道

物体下落的基本公式是

$$d=\frac{1}{2}gt^2$$

其中，d是下落高度，t是时间，g是重力加速度。另外，在时间t内，子弹沿水平方向运动的距离为

$$d=vt$$

举个例子，假设子弹的速度为400米/秒，那么在0.25秒内它下降的高度是多少？将具体数字代入公式后，可以得到

$$d=\frac{1}{2}\times 9.8\times 0.25^2=0.30625\text{米}$$

此外，在这段时间里，子弹沿水平方向飞行了100米（400×0.25）。

由于子弹在竖直方向上会下落一段距离，因此我们必须调整步枪的瞄具。但是，瞄具无法保证在所有距离范围内都能准确瞄准。对于给定的设置，瞄具只能瞄准一处特定的距离（确切地说是两处，见图61）。瞄准时，我们需要将枪膛轴线对准目标的上方。我们仍然让瞄具指向目标，但是略微抬高枪的射击角度。这时，子弹将沿一道弧线向下击中枪瞄准的特定距离上的点。这个距离有可能是100米，不过这对猎人来说是个问题。因为猎物未必总是出现在距离他们100米的地方，而且他们也很难确定自己离猎物到底有多远。测距仪（用于确定自身与猎物距离的设备）可以解决这个难题。通过它猎人就能知道猎物距离自己有多远，然后对瞄具进行相应调整。

如果问题到此为止，那就皆大欢喜了。可是，还有一个非常棘手的事情。空气阻力对子弹的影响很大。它会减慢子弹的飞行速度，而造成减速的因素不止一个。此外，我们还必须考虑子弹的惯性。惯性是对物体运动变化的阻抗程度，它取决于子弹的质量。质量大的子弹惯性也大，受阻力的影响相对较小。

子弹	出膛速度（米/秒）	飞出91米后的速度（米/秒）	飞出457米后的速度（米/秒）
.22口径子弹	820	622	256
.30-30温彻斯特步枪弹	728	601	297
.308口径温彻斯特弹	838	836	507
斯普林菲尔德.30-06步枪弹	792	731	514

那么，如何将所有因素都考虑在内呢？我们用到一个叫作弹道系数（BC）的概念。弹道工程师用不同形状和重量的子弹做实验，从而找到了一种标准子弹。我们用其他子弹和它进行比较。如果一颗子弹的减速方式和标准子弹完全相同，那么它的BC就是1.0。大多数子弹的BC值都远远低于1.0，常见的BC值在0.300到0.400之间。BC值高于0.400的子弹往往具有流线型的弹头；圆鼻子弹的BC值通常低于0.300。一般来说，BC值越高，子弹的空气动力学性能越好，受到的阻力就越小。必须注意的是，BC值会随着速度和高度的变化而发生微小变化。此外，确定BC值的方法并不算是精确的科学。

子弹还有一个非常重要的参数——截面密度（SD）。它和BC的关系可以表示为$BC = SD/I$，其中，SD等于M/d^2，d是子弹直径，I是与子弹形状有关的因子（子弹越尖，I值越小）。子弹制造商通常会给出子弹的SD和BC。

子弹受到的阻力（D）也与诸多因素有关，包括子弹的形状、穿过介质的密度、子弹的直径和速度，以及一个与子弹飞行时所受“转动”力有关的因子（比如小幅偏转）。阻力与减速度的关系可以用下面的公式表示

$$r = D/M$$

其中，r是减速度。

防弹

在影片中，好几辆邦德汽车都具有防弹功能。在《007之黎明生机》中，军火商布拉德·惠特克在与邦德的枪战中用到了防弹面罩和防弹背心。在《007之金手指》中，Q的实验室里也出现过一件防弹背心。那么，什么样的材料可以挡住子弹呢？一般来说，汽车外壳使用的是由强化钢板组成的装甲保护层。汽车的挡风玻璃和惠特克的面罩用的是防弹玻璃。它是通过在普通玻璃层之间夹入聚碳酸酯材料制成的。聚碳酸酯是一种坚韧的透明塑料，常见的品牌有Lexan、Tuffak和Cyrolon。

惠特克还穿了一件防弹背心。如今，防弹背心十分常见，不过据我所知，邦德从来没穿过它。世界上第一件防弹背心出现在20世纪40年代，它由尼龙制成，当中添加了玻璃钢、陶瓷或钛合金等材质的防弹板。这种背心穿起来很不舒

服，防弹效果也很一般。1966年，杜邦公司的一位化学家发明了凯夫拉（Kevlar）。这是一种液态聚合物，可以纺成纤维，制成布料。最初，它被用于轮胎、绳索、船只和飞机。到了1971年，有人发现凯夫拉非常坚韧，可以用来制成防弹背心。事实证明，它的确是防弹的最佳材料。不过，它也存在强劲的竞争对手。1989年，联合信号公司开发出了斯百克线（Spectra），目前它也是常见的防弹衣材料。

如今，防弹背心是由多层凯夫拉纤维（或斯百克线）制成的，正是有了这种分层（也叫层压）结构，防弹背心才能阻挡子弹。当子弹击中防弹衣时，就会被拉进一个强韧的纤维网络中，这个网络能够吸收并分散子弹的能量，将它推倒或者使它变形。子弹的能量被材料逐层吸收，直到它停止运动。需要注意的是，任何防弹衣都无法对所有子弹做到100%有效。

那么，身穿防弹衣被子弹击中时，人体能感受到多大的力量呢？这个问题很有意思。我们经常在电影中看到，人被子弹打中的同时会向后倒下。真的会这样吗？容易证明，人体受到的作用力等于子弹的动量（mv）除以子弹击中目标到完全停止所需要的时间（t）。

$$F = mv/t$$

子弹的动量并不大，因为它的质量很小。因此，这里的决定性因素就是t。对于没有穿防弹衣的人来说，t相对较小，但此时子弹会穿进受害者的身体，所以t并没有穿防弹衣时那么小。实际上，对于不穿防弹衣的人来说，这个力通常比较小（因此他不可能被击倒）；但是对于穿防弹衣的人来说，这个力有可能非常大（让子弹停下所需的距离和时间可能是没穿防弹衣时的百分之一）。

船只追逐

好几部邦德电影都出现过船和潜艇。我们先来看看船。令人印象最深的要数《007之黑日危机》中的Q船了——相信你肯定也同意我的看法。它是以Q的名字命名的（图62），是Q引以为傲的发明（他原本计划退休后用它钓鱼，打算怎么钓啊——用机枪打鱼吗?）。

图62　Q船

Q正在向邦德展示这艘船，突然军情六处总部的墙被炸开了一个洞。透过洞口，邦德看到一个女人站在河中一艘白色小艇上，端着一把机枪。她就是之前给他递雪茄的那个女人。邦德飞快地跑向Q船，开着它从大楼上一跃而下，追赶白船。Q在后面大喊："住手，住手……还没完成呢！"

水上追逐就此开始。体形较小的Q船飞快地追赶着白船。Q船上装备了精良的武器，出人意料的是，白船也是如此。"雪茄女"试图趁邦德靠近时用机枪扫射他，但是没有成功。他直接擦着她的船顶跃了过去，但是这样并没有给对方造成多大伤害。追逐仍然继续。

这时，他们面前的大桥正要闭合，白船拼命加速，及时穿过了桥。当邦德赶到时，大桥已经闭合，不过他有秘密武器：他让Q船潜入水中，从大桥底下穿过。接着，雪茄女朝着一堆燃料桶驶去。她让船用力撞向这些桶，引起爆炸并趁乱逃走。不过，邦德很快就通过导航仪找到了她，他从大街上抄近道追赶她，他甚至一度开着船从一家咖啡馆里穿行。当他跳回水中的时候，正好追上她，并朝她的船发射了两枚鱼雷。

见到鱼雷飞来，她立即弃船上岸，跳进一个热气球里。但是，邦德并没有放弃。当气球开始上升时，他抓住一根悬在半空的绳子，大喊道："谁是幕后主使？告诉我，我就不开枪。"可是对方并不打算投降。她朝下面的油箱开枪，把自己炸死了。邦德松开绳子，掉在一栋大楼的屋顶上。他向下翻滚了好几圈，直到保持住平衡。

作为电影来说，这样的开场确实精彩刺激，而且大多数邦德电影的开场风格都是如此。我们来了解一下Q船的性能。它的最高速度为161千米/时，0到97千米/时的加速时间为6秒。它有一个5.7升的发动机，功率为300马力，还有一个辅助的喷气发动机，用来增加推力。它的船身只有4.72米。不过，麻雀虽小，五脏俱全。它配备了两枚鱼雷，可以通过船头的扫描测距仪进行瞄准定位；它还有一挺机枪和火箭弹发射器、一个GPS卫星和雷达跟踪系统，以及手榴弹发射器；它有一个涡轮喷气发动机，可以在仅8厘米深的水中航行，甚至还能在陆地上行驶（短距离）。总而言之，这是一艘相当了不起的船。

另一场壮观的船只追逐出现在《007之生死关头》中。在这场穿梭于佛罗里达州河道的追逐战中，主角是喷气动力船。邦德和追击者的船用的都是Evinrude喷气推进发动机。但是，这次的追逐戏有点过头了：船直接开上公路，穿过土地和泳池，甚至还路过了一场户外婚礼。当地警长J. W. 佩珀也参与了追捕行动，增添了不少喜剧效果。

最后，我要说说我最喜欢一场船只追逐戏。在《007之俄罗斯之恋》中，邦德和塔季扬娜乘坐快艇逃到威尼斯湾，看似他们终于获得了自由。但是，幽灵党的黑船大队（反派不是黑车就是黑船）正在等着他们，每艘船都配备了机枪和榴弹发射器。追逐的过程惊险刺激。邦德船上的备用燃料桶被机枪射穿，于是他将它们丢进水中。看来他已经走投无路了，但是一如既往，他总有办法脱身。就在黑船靠近并准备攻占他的船时，他抓起一把信号枪，朝浮在水面上的燃料开火。接着爆炸声接连响起，他和塔季扬娜趁着混乱逃走了。

在《007之太空城》中，邦德前往德拉克斯的丛林总部时也开过一艘快艇。这艘船上也有一些常见武器。很快，他遭到一群快艇的追击，它们个个都配备有迫击炮。在炸掉两艘船后，邦德来到一个瀑布前，眼看无路可走。令人意想不到的是，他掏出一个悬挂式滑翔机飞走了（他怎么知道会用得上这玩意儿呢？）。

快艇物理学

邦德驾驶的大多是喷气艇，但是在《007之俄罗斯之恋》中，他的快艇是由螺旋桨驱动的。我们先来看看这艘船。螺旋桨是如何驱动快艇前进的呢？从外形上不难看出，螺旋桨转动时会将水推向后方（也就是船尾方向）。与此同时，会有大量的水涌向螺旋桨桨叶的另一侧，从而使得桨叶两侧形成压力差：一侧是正压力，也就是推力；另一侧是负压力，也就是拉力。在旋转过程中，所有桨叶都会受到这样的力。因此，螺旋桨在水中对小艇既推又拉，产生的最终效果就是船在螺旋桨的驱动下加速前进。在这一过程中，螺旋桨后方会喷出高速水柱。这里所涉及的物理学原理是牛顿第三定律：螺旋桨将水向后推动的同时，会产生一个将船向前推动的反作用力。

如果螺旋桨在刚性介质中转动，那么它每转一圈都会将船向前推出一段距离，这段距离就等于螺旋桨的螺距（倾斜度）。然而水不是刚性介质，在螺旋桨桨叶的作用下，水的形态会发生变化。因此，螺旋桨在水中每转一圈，只能将船向前推出大约60%~70%的螺距。螺距与船真实进程的差值就叫作螺旋桨的滑脱。

螺旋桨是非常有趣的推进装置，但是，邦德电影中的船大多是喷气船。下面我们就来看看这类船。前面我们介绍过飞机的喷气式发动机，其实它们的原理是一样的。喷气船上有一个用来驱动水泵（有时也叫作“喷气泵”）的发动机，水泵将水从船体底部的进水口抽进来，再以高压喷射的方式从船尾排出。喷气船就是在水流喷射的推力下前进和转向的。

这里依据的还是“作用力—反作用力”原理。其中，作用力是船尾向外喷水的力量。根据牛顿第三定律，船在反作用力的推动下前进。当我们拿着喷水管浇花时，手指也会感受到同样的反作用力。

《007之霹雳弹》中的水下装备

提到水下装备，我们自然会想到《007之霹雳弹》。因为这部电影里出现的水下装备最多，毕竟故事的后半部分大都发生在水下。事实上，《007之霹雳弹》是第一部以长时间水下战斗为特色的电影。邦德背着电动背包加入了水下作战。他快速地游过人群，扯下敌人的氧气面罩，不停制造混乱。他还诱使拉尔戈的两名手下跟着他钻进了海底的一处残骸。等他们一钻进去，邦德就迅速离开，然后从舱口扔进一枚手榴弹。

影片接近尾声时，邦德跟着拉尔戈和他的水下碟形船（上面携带了一枚原子弹）来到他的游艇上。拉尔戈开船逃跑，邦德紧紧抓住游艇并设法爬了上去。在多米诺的帮助下（她用鱼枪射中了拉尔戈的后背），他战胜了拉尔戈。

这场战斗中出现了许多有趣的装备，包括水下电动滑板，还有拉尔戈设计的更大一些的原子弹滑板。它被安置在游艇内部，上面装有头灯，还配有六支前射鱼枪。拉尔戈手下使用的鱼枪也很特别，上面配备的压缩空气罐能将射程扩大至7.3米。

邦德的水下动力装备同样不得了。除了鱼枪和探照灯，他还有一个方便好用的微型空气罐，可以维持四分钟的呼吸。

邦德在战斗后期弄丢了氧气罐，这时它就派上了用场。但是不管怎么看，邦德使用它的时间明显超过了四分钟。

拉尔戈的100吨级豪华游艇“迪斯科·沃兰特号”也很壮观。船身内部有一个特殊空间，是拉尔戈及其手下保管两颗原子弹的地方。游艇上还装有许多特殊设备。例如，船底有一个监视入侵者的摄像头。邦德偷偷检查这艘船的时候，就被他们发现了。

潜水艇

当然，我们不能忘记潜水艇的存在。电影中出现过几个有趣的潜水艇。《007之最高机密》中有一艘名叫“海王星号”的迷你潜艇。蒂莫西·哈夫洛克乘坐它去寻找“圣乔治号”，他的女儿梅利娜和邦德还驾驶它前往沉船地点，带回了ATAC发射器。后来，他们遭到一艘单人潜艇的袭击，“海王星号”差点被击沉。邦德和梅丽娜也因此被俘。

“海王星号”长7米，宽2.4米。它有一个双人座舱，上面有一个大观察窗，还有几盏头灯，用来提高在昏暗水下的能见度。

在《007之金刚钻》中出现过一艘更小的潜水艇，名叫Bath-o-sub。它的主人是反派布洛菲尔德。他原本打算开着它逃离石油钻井平台，但是它连下水的机会都没有。这是一艘小型单人潜艇，船体是玻璃钢材质的，上面还有探照灯。

在《007之海底城》中登场的是潜水艇汽车路特斯Esprit。前面我们已经介绍过它，这里就不再赘述了。关于邦德电影中的船我就讲这么多。

附 录

对于邦德电影的优劣和评价，每位邦德迷都有自己的想法。我要提前声明，所有邦德电影我都很喜欢，为每个类别排出“最佳”真的非常困难。在此，我给出了九个不同类别的排名，看看你是否赞同我的选择。

最佳影片

Top1《007之金手指》

Top2《007之俄罗斯之恋》

Top3《007之海底城》

Top4《007之最高机密》

Top5《007之黎明生机》

Top6《007之黑日危机》

Top7《007之女王密使》

Top8《007之霹雳弹》

Top9《007之明日帝国》

Top10《007之诺博士》

Top11《007之杀人执照》

Top12《007之黄金眼》

Top13《007之择日而亡》

Top14《007之八爪女》

Top15《007之太空城》

Top16《007之金刚钻》

Top17《007之雷霆谷》

Top18《007之生死关头》

Top19《007之金枪人》

Top20《007之雷霆杀机》

我毫不犹豫就选出了心中的第一名。《007之金手指》这部电影我重温过很多次，而且至少读过两遍原著，我认定这是一部完美的邦德电影。肖恩·康纳利饰演的邦德非常出色，片中的其他角色也都表现得很好。金手指是一个现实主义的反派，他的手下怪侠看似无人能敌。而且在这部电影中，邦德有了第一辆座驾——现在它仍然是最受关注的汽车之一。

与《007之金手指》相比，《007之俄罗斯之恋》更加现实、质朴，少了一分惊悚震撼。邦德依靠技巧和机智战胜了反派。他只有公文包这一个小道具，但是却做到了物尽其用。

电影的剧情精彩但不夸张，雷德·格兰特算是整个系列中相当厉害的反派。他和邦德在东方快车上的打斗场面紧张刺激，可谓整个系列最棒的动作戏之一。此外，影片里的船只追逐战也是我心中的最佳。

和前作相比，罗杰·摩尔最初的两部邦德电影（《007之生死关头》和《007之金枪人》）有点令人失望。我喜欢摩尔，但不觉得他是理想的邦德。不过，我认为他主演的《007之海底城》可以排进整个系列的佳片行列。摩尔最终似乎对自己的角色很满意，而且他塑造的特工的形象也很可信。这部电影为整个系列注入了新的活力。总的来说，它是一部场面壮观令人愉悦的电影。

接下来这一部也是我最喜欢的电影之一——罗杰·摩尔主演的《007之最高机密》。我很想将它排得再靠前一些，但它实在无法与前三名相提并论。它具备优秀影片的一切要素：美丽的风景、极佳的滑雪和水下场景、精彩的结局。我尤其喜欢其中的雪铁龙追逐戏，但还是要说，电影虽然好看却缺乏紧张悬疑感。不管怎么说，继过度搞笑的《007之太空城》（不太合我的口味）之后，这部电影确实是一个很好的转变。

我的下一个选择是《007之黎明生机》，我们迎来了新的邦德——提摩西·道尔顿。他的出现让邦德的风格也发生了变化。道尔顿比摩尔和康纳利更加严肃，更不苟言笑。他也因此遭到了观众的指责，但我认为这种评价毫无道理。在我看来，他是一个非常可靠的邦德。当他遇到麻烦时，你就能看出他确实陷入了困境，于是会为他的命运担忧。我认为《007之黎明生机》是整个系列中最佳的惊险片之一。它会让你全程都感到很紧张。

在前五名里，我没有挑选皮尔斯·布鲁斯南的任何一部电影，尽管他也是我十分喜爱的邦德演员。自从布鲁斯南接任邦德以来，影片中的动作戏变得越来越多，他最好的一部作品是《007之黑日危机》。毫无疑问，布鲁斯南是所有邦德演员中最优雅、最英俊、最强悍，也是最幽默的一位。影片中伞鹰的滑雪场面难得一见，Q船上演的追逐戏堪称整个系列中最好的船戏之一。

每一位邦德饰演者都各具特色，非常优秀——只有一个人除外。乔治·拉扎贝在受邀出演《007之女王密使》时，几乎毫无表演经验，这一点也确实能从电影中看出来。但你必须承认，他在动作戏上的表现十分出色，而且很少使用替身。我之所以将《007之女王密使》排在前面，是因为片中的滑雪场面实在太精彩。当然除此以外，影片的剧情、故事线和布景也都非常棒。而且，它是为数不多按照弗莱明原作拍摄的邦德电影，而这部小说也是极其优秀的作品。如果康纳利能在其中出演邦德，那么它一定会成为最佳的邦德电影。

说到康纳利，我的下一个选择是《007之霹雳弹》——我本想把它往前排一些。它满足了我们对邦德电影的所有期待：

冷酷无情的反派、漂亮的女主角、优美的风景、大量的动作戏。它还是第一部拍摄了长时间水下场景的邦德电影。当时康纳利处于巅峰状态，他表现自如，完美地诠释了角色。

虽然《007之明日帝国》中有些部分我不太喜欢，但我仍然觉得它有资格排在第九位。布鲁斯南的表现一如既往地出色。只是故事情节有点夸张，摩托车的追逐戏虽然紧张刺激，但未免有些拖沓。新闻大亨埃利奥特·卡佛为人阴险，不怎么讨人喜欢，演员将角色塑造得非常到位。HALO跳伞是影片的一大亮点，此外宝马750iL和隐形船也同样令人惊叹。

接下来终于到了梦开始的地方：《007之诺博士》。这部电影中的许多元素都为日后邦德电影的成功提供了借鉴，不过影片里没有用到小道具。和之后的诸多作品相比，它更加现实，但仍然有不少动作戏。我认为它是一部一流的惊险片。

我接下来的选择可能会引起一些争议。很多人认为，作为邦德电影，《007之杀人执照》未免过于严肃和黑暗。我不同意这样的看法。的确，影片中的部分镜头（大多涉及鲨鱼）确实有些血腥吓人，但其中的反派和邦女郎确实表现得相当优秀。提摩西·道尔顿的演技也同样出色。影片尾声的油罐车追逐战可以说是邦德电影中最精彩的动作场面之一。而且，Q在影片中的出场次数也比以往任何时候都要多。

排名第12位的电影我选了《007之黄金眼》。这是皮尔斯·布鲁斯南的第一部邦德电影，影片开场就上演了壮观的一幕：邦德从西伯利亚的大坝上蹦极。故事本身有点混乱，虽然动作戏很多，但有些内容似乎不太连贯。

我把《007之择日而亡》排在第13位肯定会引起一些人的不满。这部影片从头到尾充斥着大量动作戏，让人几乎连喘息的机会都没有。影片中出现的几辆汽车都不错，当中也不乏惊人的特技，但是很多场面都借鉴了早期的邦德电影，因此我不是很喜欢。电影的前半部分还是相当不错的。

《007之八爪女》是一部会让人日渐上头的电影。正片开始前出现的迷你飞机Acrostar令人印象深刻。不过，我第一次观看这部电影时有点失望。然而在重温过几次之后，我就喜欢上了它，现在我认为它称得上是摩尔的优秀作品。影片中很少出现闹剧般的搞笑，而且结局也是悬念迭起。

接下来是《007之太空城》。它收获了可观的票房，作为科研工作者，我很期待看到这样的电影。影片确实涉及很多有趣的科学知识，即便当中存在一些错误，也是瑕不掩瑜。我尤其喜欢最后的太空大战，但是和很多观众一样，我认为过度的搞笑破坏了影片的氛围。它原本可以成为更成功的电影，但很可惜没能做到，令我有些失望。

接下来的两部都是肖恩·康纳利的电影，稍后你就会知道，他是我心目中的最佳邦德。但是在出演《007之金刚钻》的时候，他已经略显老态了。尽管如此，我仍然认为这是一部很好的作品，只不过不及之前的电影。同样，《007之雷霆谷》也没有哪里不好。它是一部了不起的惊险片，其中的风景令人惊叹，肖恩·康纳利的表现也非常好。

对于排在后三位的电影，我不打算多做评价。我只想说，我爱每一部邦德电影，但既然是排名，就自然会分出先后。《007之金枪人》重点强调了太阳能的作用。此外，汽车在断桥上完成的360度桶式翻滚特技也令人惊叹。

最佳邦德演员

Top 1 肖恩·康纳利

Top 2 皮尔斯·布鲁斯南

Top 3 罗杰·摩尔

Top 4 提摩西·道尔顿

Top 5 乔治·拉扎贝

也许是先入为主吧，我最开始接触的就是肖恩·康纳利出演的邦德电影，他完美地诠释了这个角色，所以我将他排在第一位。继康纳利之后，其他几任邦德无疑都被拿来和他进行比较。他具备邦德的一切特点：既有冷酷无情的一面，也喜欢插科打诨，在一定程度上能抵消他的一些“阴暗”行为。他极度自信——男子气概十足，令各种女性为之倾倒。此外，我认为非常重要的一点是：康纳利是所有邦德演员中声音条件最好的一个。

排名第二的是布鲁斯南。他拥有很多康纳利所具备的特征，而且他的长相似乎更讨喜。他很强硬但又不会过分严肃，有时也会表现出幽默的一面。而且他很靠得住，他尤其擅长动作戏，也演了很多这样的戏。

摩尔的话，有点不太好说。在他出演的邦德电影中，有几部非常优秀，但也有三部不怎么样。他无疑很有魅力，而且塑造了与康纳利风格完全不同的角色。由于他赋予角色搞笑和轻浮的性格，因此有时很难让人认真对待他。不过，我最喜欢的两部电影都是由他主演的，而且他的表现也非常出色。

提摩西·道尔顿遭到许多邦德迷的指责，主要是因为他表现得过于严肃。但是，在摩尔最后几部闹剧般的电影之后，很多人愿意接受这样的转变。我非常喜欢他的两部电影——尤其是《007之黎明生机》。虽然他少了像康纳利和布鲁斯南那样的魅力，但他仍然成功塑造了一个可靠的英国特工形象，而且很可能是最接近弗莱明原作的邦德。

我把拉扎贝放在最后一位。虽然他欠缺表演经验，但是动作戏完成得很出色，令人称赞。尽管他的演技一般，但他主演的《007之女王密使》是一部佳作。

最佳反派

说到反派的排名，评判的标准并不唯一。我们既可以根据演员的演技来排名，也可以按照片中反派的“可怕程度”来选择。换句话说，哪个反派会让我们感到后背发凉？我会尽量将这些标准都考虑进去，再给出自己的结论。

Top 1 罗伯特·达维，在《007之杀人执照》中饰演弗朗茨·桑切斯

Top 2 罗伯特·肖，在《007之俄罗斯之恋》中饰演雷德·格兰特

Top 3 格特·弗罗比，在《007之金手指》中饰演奥里克·金手指

Top 4 迈克尔·朗斯代尔，在《007之太空城》中饰演雨果·德拉克斯

Top 5 乔纳森·普赖斯，在《007之明日帝国》中饰演埃利奥特·卡佛

对于忠于自己的人，桑切斯也会坦诚对待。可是一旦你和他作对，那就要当心了。作为反派来说，他非常靠得住，但同时也很残酷无情。

在小说《俄罗斯之恋》中，弗莱明用40页的篇幅将格兰特塑造成一个杀人不眨眼的杀手。读过之后你会好奇，如果邦德遇到他会怎样应付。他们在东方快车上的打斗场面可以说是最佳动作戏之一。

接下来是金手指。倒不是说金手指本人有多可怕，而是他

有整个系列里最厉害的手下——怪侠。赤手空拳的邦德显然不是他的对手，最终他依靠智慧而非力量战胜了他。金手指还有一句经典台词。当激光向邦德的身体逼近时，邦德问："你希望我招供？""不，邦德先生，"金手指回答，"我要你死。"

迈克尔·朗斯代尔在《007之太空城》中饰演的德拉克斯是影片中为数不多的强势角色。德拉克斯有很多经典台词，但他不像其他一些反派那样残忍。

最后是《007之明日帝国》中的埃利奥特·卡佛。和德拉克斯一样，他也有强烈执念。他是一个走火入魔的反派，演员将这个角色诠释得非常到位。

最佳邦女郎

Top 1　卡萝尔·布凯，在《007之最高机密》中饰演梅丽娜·哈夫洛克

Top 2　卡里·鲍威尔，在《007之杀人执照》中饰演帕姆·布维尔

Top 3　芭芭拉·巴赫，在《007之海底城》中饰演阿尼娅·阿玛索瓦

Top 4　黛安娜·里格，在《007之女王密使》中饰演特蕾西·迪·文森佐

Top 5　克洛迪娜·奥热，在《007之霹雳弹》中饰演多米诺·德瓦尔

如果只论性感和魅力的话，我还要再提名几位邦女郎。乌尔苏拉·安德烈斯，在《007之诺博士》中饰演的坚强女孩霍尼·赖德；雪莉·伊顿，在《007之金手指》中饰演的吉尔·马斯特森同样令人难忘；在同一部电影中，霍诺尔·布莱克曼饰演的普西·葛罗尔表现完美。如果单纯看魅力，那么还有《007之金刚钻》中吉尔·圣约翰饰演的蒂法尼·凯斯；如果单纯论性感，那绝对少不了《007之择日而亡》中的豪勒·拜里。

我心中排名第一的邦女郎人选，无疑是受了我最喜欢的《007之最高机密》的影响。梅丽娜一心想要复仇，而她同时也是值得信赖的伙伴。她是一个美貌与智慧并存的女孩，是影片中的关键角色。

另一位颇有主见的女子是《007之杀人执照》中的帕姆·布维尔。她不甘心充当邦德的副手。当邦德让她返回美国时，她并没有理会。结果，邦德在影片的最后非常需要她的帮助。她是一位坚强而又可爱的女子。

《007之海底城》中的芭芭拉·巴赫也是这种类型的女孩。她有胆有识，又有点倔强。只可惜演员的演技一般，很多台词听起来有些生硬。

相比之下，《007之女王密使》中的黛安娜·里格是一位经验丰富的女演员，她曾出演过电视剧《复仇者》(*The Avengers*)，她将特蕾西这个角色诠释得很好。排在第五位的是《007之霹雳弹》中的多米诺·德瓦尔。影片中邦德和多米诺的关系变化过程真实而有趣。

最佳邦德座驾

Top 1《007之金手指》中的阿斯顿·马丁DB5

Top 2《007之海底城》中的路特斯Esprit

Top 3《007之明日帝国》中的宝马750iL

Top 4《007之择日而亡》中的阿斯顿·马丁V12 Vanquish

Top 5《007之黄金眼》中的宝马Z3

提起邦德的座驾，大部分人可能会想到《007之金手指》中的阿斯顿·马丁，它被称为“世界上最著名的汽车”是不无道理的。它深受大众的喜爱，所以在《007之黄金眼》《007之明日帝国》和《007之择日而亡》中也都出现过。

摩尔代表性的座驾是路特斯Esprit，它最经典的一幕就是在《007之海底城》中化身为“潜艇汽车”。路特斯Esprit的变身过程绝对出乎所有人的意料。这也是影片的一大亮点。

对于邦德来说，宝马750iL是一辆与众不同的车，因为他通常开的都是跑车。这辆车的神奇之处在于它可以进行远程遥控。最后就是《007之黄金眼》中的Z3，它主要被用来为影片宣传造势，但它本身也同样极具吸引力。

最佳道具

我不知道排名前两位的应不应该算作“道具”，不过它们的确是整个系列中最有意思的交通工具，理应排在最前面。

Top 1《007之雷霆谷》中的“小内莉”

Top 2《007之八爪女》中的Acrostar

Top 3《007之霹雳弹》中的喷气背包

Top 4《007之生死关头》中能改变子弹方向的手表

Top 5《007之黑日危机》中的X射线透视眼镜

此外，我认为《007之黎明生机》中的钥匙圈也是值得一提的小道具。

“小内莉”和它精良的武器装备是难以超越的。它速度快、机动性强，与直升机的对战是影片中的精彩场面。同样地，在《007之八爪女》正片开始前亮相的Acrostar也有着杰出的表现。

《007之霹雳弹》中的喷气背包绝对出人意料，在之后的几年里，人们对它的兴趣一直不减。至于能改变子弹方向的手表，我只是奇怪为什么邦德没有多用几次。

最佳追逐战

Top 1《007之金手指》中的阿斯顿·马丁追逐战

Top 2《007之黎明生机》中的边境追逐战

Top 3《007之杀人执照》中的油罐车追逐战

Top 4《007之择日而亡》中的冰上追逐战

Top 5《007之明日帝国》中的摩托车追逐战

在第七章里，我已经对追车大战作了全面介绍，这里不再赘述。不过，我还想推荐两场追逐戏:《007之金刚钻》中的拉斯维加斯追逐战和《007之黄金眼》中的下坡追逐战。

最佳特技表演

Top 1《007之太空城》中的高空跳伞

Top 2《007之黄金眼》中的蹦极跳

Top 3《007之黎明生机》中邦德和尼科洛斯挂在飞机后部网兜上的打斗

Top 4《007之海底城》中的滑雪飞越悬崖

Top 5《007之黄金眼》中邦德骑摩托车飞下悬崖抓住飞机

值得一提的还有《007之八爪女》中邦德紧紧抓着飞机一起飞行的片段。

在前面的章节中，我已经详细介绍过特技表演。影片中的精彩特技非常多，令我难以取舍。不过，《007之太空城》中的高空跳伞绝对是我心目中当之无愧的第一名。

最佳动作戏

Top 1《007之俄罗斯之恋》中与雷德·格兰特的打斗

Top 2《007之霹雳弹》中的水下战斗

Top 3《007之海底城》中的最终大战

Top 4《007之雷霆谷》中的最终大战

Top 5《007之女王密使》中的滑雪追逐大战

结束了我最后一项的排名，本书也迎来了尾声。当我回顾全书时，发现还有很多想说的内容。我最想告诉大家的是，观看邦德电影是令人愉悦的事情，而且我相信同为邦德影迷，你也一定是这样想的。希望邦德电影能够在未来长久地走下去。

参考资料

Asimov, Isaac. *The History of Physics*. New York: Walker and Co., 1966.

Berman, Arthur. *The Physical Principles of Astronautics*. New York: Wiley, 1961.

Black, Michael. *Bungy Jumping*. May 2001. Available at: www.extremz.com.

Brosnan, John. *James Bond in the Cinema*. London: Tantivy Press, 1981.

Chapman, James. *Licence to Thrill*. New York: Columbia University Press, 2000.

Cork, John, and Bruce Scivally. *James Bond: The Legacy*. New York: Harry Abrams, 2002.

Di Leo, Michael. *The Spy Who Thrilled Us*. New York: Limelight Editions, 2002.

Dougall, Alastair, and Roger Stewart. *James Bond: The Secret World of 007*. New York: DK Publishing, 2000.

Fleming, Ian. *Diamonds Are Forever*. New York: Macmillan, 1956.

——. *Dr. No*. New York: Macmillan, 1958.

——. *From Russia with Love*. New York: New American Library, 1957.

——. *Goldfinger*. New York: New American Library, 1959.

——. *Moonraker*. New York: Macmillan, 1955.

——. *On Her Majesty's Secret Service*. New York: New American Library, 1963.

——. *Thunderball*. New York: New American Library, 1961.

——. *The Man with the Golden Gun*. New York: New American Library, 1965.

——. *The Spy Who Loved Me*. New York: Penguin, 2002.

——. *You Only Live Twice*. New York: New American Library, 2002.

Halmark, Clayton. *Lasers: The Light Fantastic*. Blue Ridge: Tab Books, 1979.

Heavens, O. S. *Lasers*. New York: Scribners, 1971.

Heckman, Philip. *The Magic of Holography*. New York: Atheneum, 1986.

Lind, David, and Scott Sanders. *The Physics of Skiing*. New York: Springer-Verlag, 1996.

Parker, Barry. *Einstein's Vision*. Amherst, MA: Prometheus, 2004.

——. *The Isaac Newton School of Driving: Physics & Your Car*. Baltimore: Johns Hopkins University Press, 2003.

Pearson, John. *The Life of Ian Fleming*. New York: McGraw-Hill, 1966.

Pfeiffer, Lee, and Dave Worrall, *The Essential Bond*. New York: HarperCollins, 2000.

Rhodes, Richard. *The Making of the Atomic Bomb*. New York: Simon and Schuster, 1986.

Rubin, Steven Jay. *The Complete James Bond Encyclopedia*. Chicago: Contemporary Books, 2003.

Smelling, O. F. *007 James Bond: A Report*. New York: Signet Books, 1964.

参考网站

www.avuhub.net

www.biowaves.com
www.blackmagic.com
www.brook.edu
www.carenthusiast.com
www.comfuture.com
www.cord.edu
www.extremz.com
www.fas.org
www.geocities.com
www.howstuffworks.com
www.hypertextbook.com
www.istp.gfsc.nasa.gov
www.jetsprint.org
www.madsci.org
www.math.utah.edu
www.mindspring.com
www.rifl eshootermag.com
www.space.edu
www.spybusters.com
www.swssec.com
www.universalexports.net/movies

索 引

A

B

C

D

E

F

J

K

L

Q

R

S

T

W

X

Y

Z

译后记

有机会翻译这样一本集娱乐和知识于一体的物理科普书我感觉非常幸运。作者巴里·帕克在带领读者回顾前20部经典邦德电影的同时，从科学家的角度向我们揭秘了影片中的高科技和物理学。这些知识并非深奥而遥不可及，它们和我们的生活息息相关，能够激发我们去思考和创造。

遗憾的是，截至原作出版时（2005年），邦德电影只拍了20部，因此书中没有涉及之后5部电影的内容。如果说前20部邦德电影是我们的童年回忆，那么后5部才真正引领国内观众走进影院，让大家和大银幕上的邦德有了“亲密接触”。

继布鲁斯南之后，制片方敲定的新一任邦德是丹尼尔·克雷格（Daniel Craig）。起初这一人选引起了不少争议，原因在于他的形象与伊恩·弗莱明笔下的邦德相去甚远。他只有1.78米，而历任邦德演员的身高都超过了1.85米；再加上他又是一头金发（原著中的邦德是黑发），更令观众难以接受。然而，他精湛的演技和个人魅力最终还是征服了大众，他甚至成为很多人心目中最完美的邦德。

克雷格出演的第一部邦德电影是《007之大战皇家赌场》，改编自弗莱明的第一部邦德小说。影片中，邦德刚刚成为英国“00”级特工，结果却在第一次执行任务时出了问题，被军情六处停职。邦德决定继续独自追查恐怖分子。他将目标锁定在了恐怖组织幕后的洗钱人勒·西弗身上。邦德设法阻止了西弗的计划，导致他不得不在一个皇家赌场通过玩纸牌来填补损失的资金。邦德带着政府资金前往赌场，准备与西弗在赌桌上一较高下。和他同去的还有财政部的维斯珀·林德，她也是邦德爱上的第一个女子。最终他们战胜了西弗。后来事实证明，维斯珀是一名双面间谍，她的背叛与死亡给邦德造成了巨大打击，同时也为下一部电影埋下了伏笔。值得一提的是邦德的座驾阿斯顿·马丁DBS在影片中上演了了不起的特技——高速翻滚七圈，不过最后车身摔得面目全非。

克雷格出演的第二部电影是《007之大破量子危机》。它的剧情衔接上一部《007之大战皇家赌场》。痛失挚爱的邦德，决定为维斯珀报仇，于是全力追查真相。邦德抓住了关键性人物怀特先生，并将他装在汽车后备箱中带回军情六处。经过审讯，他得知了一个名叫“量子组织”的犯罪集团。在调查的过程中，邦德将目标锁定在海地绿色星球公司的CEO多米尼克·格林身上。同时，他还结识了一个名叫卡米尔的女孩，她为了复仇而接近多米尼克。事实上，多米尼克是犯罪组织的首领，他在河床地下建大坝，目的是阻断水流，引发水资源危机，造成玻利维亚局势动荡，从而扶持梅德拉诺将军上位。最终，邦德和卡米尔联手行动，阻止了反派的计划。当然，邦德也没有忘记自己的复仇使命。影片最后，邦德干掉了迫使维斯珀成为双面间谍的她的前男友优素福·卡比拉。

2012年对于邦德有着特殊的意义。这一年不但恰逢邦德电影50周年纪念，而且最新一部邦德电影《007之大破天幕杀机》也在这一期间上映。最重要的是，“邦德”还作为英国的标志性符号出现在了伦敦奥运会的开幕式上。

想必大家都还记得，开幕式当天，现任邦德克雷格乘车来到白金汉宫，一路护送英国女王登上直升机。直升机从白金汉宫出发，穿越伦敦塔桥，来到“伦敦碗”的上空。这时，邦德打开了直升机舱门，女王一跃而下，他紧随其后。伴随着007最经典的主题曲，两人背上带有英国国旗图案的降落伞接连打开，从空中缓缓降落。如此出其不意的出场方式引得场内观众欢呼鼓掌。当然，真正跳下去的并不是女王和克雷格，而是两名替身演员，但我们足以看出，邦德对于英国文化的重要性以及他在世界上的影响力。

说回影片《007之大破天幕杀机》。伦敦军情六处丢失了一块重要的硬盘，里面装有潜伏于世界各地所有特工的信息。

邦德被派去找回硬盘，结果却在执行任务时中枪落水，生死不明。此次行动也宣告失败。上司M也因此受到情报安全委员会新主席马洛里的质疑，但她拒绝被撤职，一心要找到幕后真凶。然而就在这时，军情六处遭到攻击，M的办公室发生了爆炸。幸存下来的邦德从新闻中得知爆炸的消息，于是偷偷前往M的公寓，要求恢复身份，参与调查。在钱班霓和Q的协助下，邦德终于抓捕了反派席尔瓦，结果发现他其实曾经是军情六处的优秀特工。席尔瓦设法成功逃走，邦德再次踏上追捕他的旅程。最终，邦德干掉了席尔瓦，但是M却因为重伤失血过多，死在了邦德的怀中。

接下来的《007之幽灵党》继续承接前作剧情。在已逝M生前留言的指引下，邦德奉命去追杀一个叫马可·夏拉的人。与此同时，伦敦国家安全中心的新任负责人C质疑邦德行动的目的，并挑战军情六处新M的地位。邦德根据线索潜进了一个密会当中，得知一个名为“幽灵党”的犯罪组织。他召集钱班霓和Q暗中协助他。调查结果指向了一个名叫弗朗兹·奥伯豪泽尔的人。事实证明他是幽灵党的老大，也是邦德养父的儿子。在怀特先生的委托下，邦德前去寻找他的女儿马德琳·斯旺。然而，她被人绑走了。邦德出手救下马德琳，于是两人联手合作。他们来到了幽灵党位于摩洛哥的沙漠巢穴，见到了弗朗兹·奥伯豪泽尔，而他已经改了名字，也就是我们所熟悉的恩斯特·斯塔夫罗·布洛菲尔德。关键时刻，邦德利用爆炸手表炸伤了布洛菲尔德，成功脱逃。后来，布洛菲尔德绑架了马德琳。经过一番惊险搏斗，邦德救出了爱人，逮捕了布洛菲尔德。

克雷格的最后一部邦德电影是2021年上映的《007之无暇赴死》。影片的故事承接上一部《007之幽灵党》，邦德带着爱人马德琳过起了隐居的生活。他听从马德琳的建议，去维斯珀的墓前悼念，结果墓碑突然发生爆炸，周围也出现了不明身份的歹徒，邦德差点因此丧命。他怀疑是马德琳出卖了自己，愤然之下与马德琳分手。此后，邦德在牙买加过着平静的生活。有一天，中情局的费利克斯·莱特寻求他的帮助，邦德不得已接受了邀约。然而在执行任务时，莱特被队友出卖不幸丧命。邦德为了查清此事，重新回到军情六处。在调查中他意外发现，马德琳之前并没有背叛他，还为他生下了一个孩子。为了解决生化武器的问题，并救出被绑架的马德琳母女，邦德在军情六处同事们的帮助下，找到了反派萨芬的小岛。影片最后，邦德干掉了反派，但同时也感染了萨芬针对马德琳制造的DNA定向毒药。为了保护她们母女，邦德决定牺牲自己，坦然面对死亡。

到此，克雷格的邦德故事就告一段落了。与以往的邦德电影不同，他所主演的5部电影不再是独立的故事，而是有着一定的内在联系，向我们展现了邦德在成长过程中所经受的爱情、背叛、失去和死亡。那么，邦德的故事是否会就此落幕呢？《007之无暇赴死》最后的彩蛋告诉我们：“James Bond will return.”（詹姆斯·邦德终将回归。）不知道今后制片方会用什么样的方式来继续邦德的故事，也不知道邦德将会以怎样的形象出现在观众面前。让我们拭目以待吧！

2023年3月

图书在版编目（CIP）数据

特工物理学：揭秘邦德的装备库 /（美）巴里·帕克著；雍寅译. —北京：商务印书馆，2023
ISBN 978-7-100-22251-8

Ⅰ. ①特… Ⅱ. ①巴… ②雍… Ⅲ. ①物理学—普及读物 Ⅳ. ① O4-49

中国国家版本馆 CIP 数据核字（2023）第 060151 号

特工物理学：揭秘邦德的装备库
〔美〕巴里·帕克 著
雍寅 译

商 务 印 书 馆 出 版
（北京王府井大街 36 号 邮政编码 100710）
商 务 印 书 馆 发 行
北京中科印刷有限公司印刷
ISBN 978 - 7 - 100 - 22251 - 8

2023 年 7 月第 1 版　　开本 889 × 1194 1/32
2023 年 7 月北京第 1 次印刷　　印张 9¾

定价：58.00 元